大学生理工专题导读
——傅里叶变换及应用

［美］J. F. 詹姆斯（J. F. James）著

田亦林 译

U0190819

机械工业出版社

傅里叶变换在物理学和工程中有着广泛的应用，非常重要. 本书简要介绍了傅里叶变换的理论和应用，对物理、电气和电子工程以及计算机科学专业的学生来说很有价值.

本书在简要介绍了傅里叶变换的基本思想和原理后，介绍了它在光学、光谱学、电子学和电信等领域的应用，说明其强大功能. 本书还介绍了多维傅里叶理论中一些很少被讨论但非常重要的领域，包括对计算机轴向断层扫描的介绍. 本书最后讨论了数字化方法，特别是快速傅里叶变换及其应用.

本书还包括一些新颖、有趣的内容，如正弦卷积、连续性、迈克耳孙恒星干涉仪和 Van Cittert-Zernike 定理、Babinet 原理和偶极子阵列等.

第3版前言

傅里叶变换是永恒的, 自十年前的第2版以来, 它们的性质没有改变, 但中间的时间允许作者纠正文中的错误, 并稍微扩展它以涵盖其他一些有趣的应用. 例如, Van-Cittert-Zernike 定理的出现已经很晚了, 有迹象表明无线电天线设计的某些方面是有趣的应用.

我也借此机会感谢许多人提出的建议, 他们常常匿名, 因此能够坦率地提出批评和建议, 这些建议 (通常) 得到了采纳, 我希望这些批评提高了本书内容的吸引力.

J. F. 詹姆斯
2010 年 8 月, 于基尔克里根

第2版前言 ════════

这一版遵循了作者从世界各地得到的许多建议和建设性的批评，纠正了各种印刷错误，并用更明确和直接的派生词取代了一些含糊不清的陈述和错误. 第7章已经被大量重写，以演示傅里叶变换在 CAT 扫描中的使用方式，一个比通常更重要的应用：但总的来说，这个版本代表了一个新的努力方向，从纯数学家的"魔爪"中拯救傅里叶变换，并将其作为一个常用工具呈现给那些在电子工程和实验物理领域努力奋斗而忙碌的人.

J. F. 詹姆斯
2001 年 1 月，于格拉斯哥

第1版前言

向物理系学生展示傅里叶变换的结果，通常就和向德古拉伯爵展示十字架一样。这可能是因为这个主题往往是由理论物理学家讲授的，他们自己使用傅里叶方法来解决棘手的微分方程。结果这门课往往变成了数学分析的重担。

但并不必如此。工程师和实用物理学家使用傅里叶理论的方式完全不同：处理实验数据，从噪声信号中提取信息，设计电子滤波器，"清洁"电视图像，以及许多类似的实际任务。这些转换是以数字化的方式完成的，而且涉及极少的数学知识。

变换的主要工具是第2章中的定理，熟悉这些定理是掌握这门课程的方法。尽管本书中有很多积分，但事实上积分工作很少，而且大部分是高中阶段学习的知识。有些地方有一两次超出范围，以显示该方法所覆盖的范围之广和力量之强。这些内容不长，旨在激起那些想遵循更多理论路径学习的读者的兴趣。

这本书有意不完整。很多主题都不见了，也没有试图解释一切：我希望留下的是诱人的线索，以刺激读者进一步寻找。书末列出了参考文献。

应用科学家有时对数学有一个普遍的认识，特别是对傅里叶理论的认识，其方式与数学的发明有很大的不同。⊖已故的数学家和数学科普作家 E. T. 贝尔曾在一本著名的书中把数学描述为"科学的女王和仆人"。

女王以仆人的身份出现在这里，有时在这个角色中受到相当粗暴的对待，而且，没有道歉。我们自然地知道，描述现实世界现象的数学函数在数学意义上是"表现良好的"。大自然对奇点的憎恶就像她对真空的憎恶一样。

⊖ 数学是发明的还是发现的，这是一个哲学争论的问题。让我们妥协，说定理是被发现的，证明是被发明的。

当一个方程有多个解时，有些解会被当作"非物理的"，以一种非常随意的方式丢弃，并且这通常是非常正确的[⊖]. 数学毕竟只是对世界的一个简明的速记描述，如果一个基于三角函数和恒星观测的定位计算给出了两个同样有效的结果，那就是你要么在格陵兰岛，要么在巴巴多斯，但如果外面下雪，你有权放弃其中一个解决方案. 所以我们用傅里叶变换来指导下一步的工作，但是要记住，为了解决实际问题，黑板和粉笔图，计算机屏幕和这里描述的简单定理要比精确且烦琐的积分计算好.

J. F. 詹姆斯
1994 年 1 月，于曼彻斯特

⊖ 我们通过狄拉克方程，加上它的正负根，预测了正电子.

目　录

第 1 章
物理与傅里叶变换

1.1 定性分析方法

　　物理学的研究的问题中，90%都与某种振动或波动有关．这种基本思路贯穿于物理学的大多数分支，从声学到工程学、流体力学、光学、电磁理论和 X 射线，再到量子力学和信息理论．它与信号及其频谱的概念密切相关．举一个简单的例子：想象一个实验，在这个实验中，一位音乐家用小号或小提琴演奏一个稳定的音符，此时一个麦克风产生的电压与瞬时空气压力成正比，示波器将显示压力与时间的关系图像，即周期性的 $F(t)$．这个周期的倒数就是音符的频率，如 440Hz 是一个调性良好的中音 A 的频率，也是管弦乐队的调音频率．

　　波形不是一个纯正弦波，若是的话它将是无聊和无色的．它包含"谐波"或"泛音"：其频率是基频的倍数，具有不同的振幅和不同的相位[⊖]，而这些取决于音符的音色、演奏的乐器类型和演奏者．我们可以通过分析波形找出泛音的振幅，并且可以列出它所包含的正弦信号的振幅和相位．或者，可以绘制振幅与频率的关系图 $A(\nu)$（即声谱，见图 1.1）．

　　　　　　$A(\nu)$ 是 $F(t)$ 的傅里叶变换．

　　实际上这是模变换，但现阶段这是一个细节．

　　假设声音不是周期性的———一声尖叫、一声鼓声或一声撞击，而不是一个纯粹的音符．那么描述它不仅需要一组带振幅的泛音，还需

　⊖ "相位"指一个角度，用来定义一个波或振动相对于另一个波或振动的"延迟"．例如，一个波长的延迟相当于 2π 的相位差．每个谐波都有自己的相位 ϕ_m，以表示其在周期内的位置．

要一个连续的频率范围，每个频率都以极小的数量出现，这两条曲线将如图 1.2 所示.

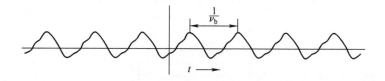

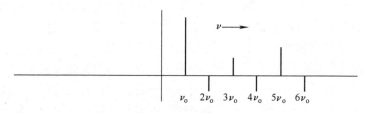

图 1.1　稳定音符的频谱：基音和泛音

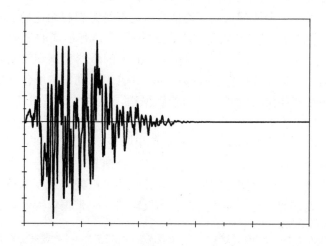

图 1.2　频谱碰撞：所有频率都存在

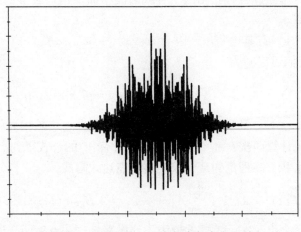

图 1.2　频谱碰撞：所有频率都存在（续）

能想到的傅里叶变换的用途包含：识别一把有价值的小提琴；分析航空发动机的声音、以检测有故障的齿轮；利用心电图检测心脏缺陷；确定周期变星的光曲线变化的潜在物理学原因. 所有这些都是傅里叶变换的当前应用.

1.2　傅里叶级数

对于一个稳定的信号，其描述只需要基频、振幅和谐波振幅. 离散求和即可得 $F(t)$，我们可以写为：

$$F(t) = a_0 + a_1\cos(2\pi\nu_0 t) + b_1\sin(2\pi\nu_0 t) + a_2\cos(4\pi\nu_0 t) +$$
$$b_2\sin(4\pi\nu_0 t) + a_3\cos(6\pi\nu_0 t) + \cdots,$$

式中，ν_0 是信号的基频. 必须有正弦函数和余弦函数，是因为谐波与基波、谐波之间不一定"同步"（即"同相"）.

更一般的写法为：

$$F(t) = \sum_{n=-\infty}^{+\infty} a_n\cos(2\pi n\nu_0 t) + b_n\sin(2\pi n\nu_0 t) \quad (1.1)$$

为了数学上的对称性，求和范围为从 $-\infty$ 到 $+\infty$.

通过将基频和各种振幅的泛音或谐波相加来构造波形的过程称为傅里叶合成.

式（1.1）有其他写法. 因为 $\cos(x) = \cos(-x)$，$\sin(x) = -\sin(-x)$，我们可以写为：

$$F(t) = A_0/2 + \sum_{n=1}^{+\infty} A_n \cos(2\pi n \nu_0 t) + B_n \sin(2\pi n \nu_0 t) \qquad (1.2)$$

若使 $A_n = a_{-n} + a_n$ 和 $B_n = b_{-n} + b_n$，则这两个表达式是相同的. A_0 除以 2 以避免计算两次：A_0 可以通过找到所有 A_n 的公式得到.

数学家和一些理论物理学家把这个表达式写成：

$$F(t) = A_0/2 + \sum_{n=1}^{+\infty} A_n \cos(n\omega_0 t) + B_n \sin(n\omega_0 t),$$

还有一些完全出于实际考虑的原因不这样写，这一点后面会讲到.

1.3 谐波的振幅

另一种从信号中提取不同的频率和振幅的方法称为傅里叶分析，在实际的物理学应用中更为重要. 在物理学中，我们通常通过实验找到 $F(t)$ 曲线，并想知道振幅 A_m 和 B_m 的值，m 的值根据需要来确定. 为了找到这些振幅的值，我们使用正弦和余弦的正交性. 这个性质是，如果取一个正弦和一个余弦，或两个正弦，或两个余弦，每个正弦和余弦都是某个基频的倍数，那么将它们相乘，并在该频率的一个周期内积分，除了一些特殊情况，积分结果总是零.

如果 $P = 1/\nu_0$ 是一个周期，那么

$$\int_0^P \cos(2\pi n \nu_0 t) \cdot \cos(2\pi m \nu_0 t)\, \mathrm{d}t = 0,$$

且

$$\int_0^P \sin(2\pi n \nu_0 t) \cdot \sin(2\pi m \nu_0 t)\, \mathrm{d}t = 0,$$

除非 $m = \pm n$，且

$$\int_0^P \sin(2\pi n \nu_0 t) \cdot \cos(2\pi m \nu_0 t)\, \mathrm{d}t = 0,$$

总是成立.

如果 $m = n$，那么前面两个积分都等于 $1/(2\nu_0)$.

我们将 $F(t)$ 的表达式 (1.2) 乘以 $\sin(2\pi m\nu_0 t)$，并将乘积在一个周期 P 内积分：

$$\int_0^P F(t)\sin(2\pi m\nu_0 t)\mathrm{d}t = \frac{A_0}{2}\int_0^P \sin(2\pi m\nu_0 t)\mathrm{d}t +$$

$$\int_0^P \sum_{n=1}^{+\infty}\left[A_n\cos(2\pi n\nu_0 t)+B_n\sin(2\pi n\nu_0 t)\right]\sin(2\pi m\nu_0 t)\mathrm{d}t$$

$$(1.3)$$

所有的和项在积分时都抵消了，除了

$$\int_0^P B_m\sin^2(2\pi m\nu_0 t)\mathrm{d}t = B_m\int_0^P \sin^2(2\pi m\nu_0 t)\mathrm{d}t$$
$$= B_m/(2\nu_0) = B_m P/2,$$

因此

$$B_m = (2/P)\int_0^P F(t)\sin(2\pi m\nu_0 t)\mathrm{d}t. \qquad (1.4)$$

如果在 $0 \rightarrow P$ 期间 $F(t)$ 已知，那么就可以求得系数 B_m. 如果 $F(t)$ 的解析式已知，那么通常是可以得到这个积分的. 如果 $F(t)$ 由实验得到，那么就需要利用计算机来计算这个积分了.

A_m 对应的公式是

$$A_m = (2/P)\int_0^P F(t)\cos(2\pi m\nu_0 t)\mathrm{d}t. \qquad (1.5)$$

积分可以从任何时候开始，不一定要从 $t = 0$ 时开始，积分时段为持续的一个周期.

例：假设 $F(t)$ 是周期为 $1/\nu_0$ 的方波，这样那么当 $t = -b/2 \rightarrow b/2$ 时，$F(t) = h$，在周期的其他时段 $F(t) = 0$，如图 1.3 所示.

那么

$$A_m = 2\nu_0\int_{-1/(2\nu_0)}^{1/(2\nu_0)} F(t)\cos(2\pi m\nu_0 t)\mathrm{d}t$$
$$= 2h\nu_0\int_{-b/2}^{b/2}\cos(2\pi m\nu_0 t)\mathrm{d}t.$$

新的表达式只涵盖了周期中 $F(t)$ 不等于 0 的那部分.

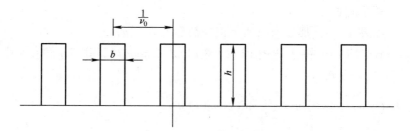

图 1.3　周期为 $1/\nu_0$，脉冲宽度为 b 的矩形波

求积分可得：

$$A_m = \frac{2h\nu_0}{2\pi m\nu_0}[\sin(\pi m\nu_0 b) - \sin(-\pi m\nu_0 b)]$$

$$= \frac{2h}{\pi m}\sin(\pi m\nu_0 b)$$

$$= 2h\nu_0 b[\sin(\pi m\nu_0 b)/(\pi m\nu_0 b)].$$

因为函数的对称性，所有的 B_n 为 0——我们把原点放在了其中一个脉冲的中心.

因此原来的函数可写为：

$$F(t) = h\nu_0 b + 2h\nu_0 b\sum_{m=1}^{\infty}[\sin(\pi\nu_0 mb)/(\pi\nu_0 mb)]\cos(2\pi m\nu_0 t),$$

$$(1.6)$$

或者写为：

$$F(t) = \frac{hb}{P} + \frac{2hb}{P}\sum_{m=1}^{\infty}[\sin(\pi\nu_0 mb)/(\pi\nu_0 mb)]\cos(2\pi m\nu_0 t),$$

$$(1.7)$$

注意第一项，即 $A_0/2$，是该函数的平均高度 ——单个方波下的面积除以周期；注意 $\sin(x)/x$，也被称为 "$\mathrm{sinc}(x)$"，这一点之后会详细介绍，当 $x = 0$ 时，其值为 1，可以由洛必达法则$^{\ominus}$得到.

$\ominus$　洛必达法则：当 $x\to 0$ 时，$f(x)\to 0$，且 $x\to 0$ 时，$\phi(x)\to 0$，比值 $f(x)/\phi(x)$ 是不确定的，但当 $x\to 0$ 时，等于比值 $(\mathrm{d}f/\mathrm{d}x)/(\mathrm{d}\phi/\mathrm{d}x)$.

傅里叶级数还有其他写法. 使 $A_m = R_m\cos\phi_m$, $B_m = R_m\sin\phi_m$, 这种写法有时很方便, 因此式 (1.2) 变为

$$F(t) = \frac{A_0}{2} + \sum_{m=1}^{+\infty} R_m\cos(2\pi m\nu_0 t + \phi_m) \tag{1.8}$$

并且 R_m 和 ϕ_m 是第 m 次谐波的振幅和相位. 这样用单正弦波代替每个正弦和余弦, 那么定义每个谐波所需的两个量就是这些振幅和相位, 以代替之前的 A_m 和 B_m 系数. 在实践中, 通常是振幅 R_m, 这一点很重要, 因为振荡器中的能量与振幅的平方成正比, 而 $|R_m|^2$ 测度了每个谐波所包含的能量. "相位"是一个简单而重要的概念. 如果波峰同时到达某一点, 那么两列波列就"同相". 如果一个的波谷和另一个的波峰同时到达, 那么它们就"不同步"(或者说它们相差 180°). 在图 1.4 中有两列波. 上面波的振幅是另一个的 0.7 倍, 它滞后于下层的波 70°(而不是领先). 这是因为图形的横轴是时间, 而纵轴测量的是固定点的振幅, 它随时间而变化. 下面波的波峰比上面的波峰来得早. 重要的是两者之间的"相位差"是 70°.

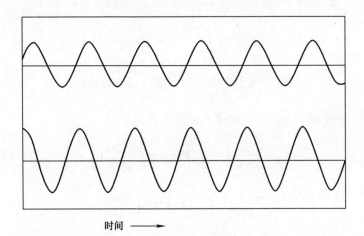

图 1.4 两个周期相同但振幅和相位不同的波列. 上部的
振幅是下部的 0.7 倍, 相位差为 70°

写级数展开式最常见的方法是用复指数代替三角函数. 这是因为复指数的代数运算更容易操作. 当然, 这两种方法是通过棣莫弗定理 (de Moivre's theorem) 联系在一起的. 我们可以写为:

$$F(t) = \sum_{m=-\infty}^{+\infty} C_m e^{2\pi i m \nu_0 t},$$

其中系数 C_m 通常是复数, 并且 $C_m = C_{-m}^*$ (具体关系详见附录 A.3). 系数 A_m, B_m 和 C_m 可由反演公式得到:

$$A_m = 2\nu_0 \int_0^{1/\nu_0} F(t)\cos(2\pi m \nu_0 t)\,\mathrm{d}t,$$

$$B_m = 2\nu_0 \int_0^{1/\nu_0} F(t)\sin(2\pi m \nu_0 t)\,\mathrm{d}t,$$

$$C_m = 2\nu_0 \int_0^{1/\nu_0} F(t)\,e^{-2\pi i m \nu_0 t}\,\mathrm{d}t$$

注意: 指数中的负号很重要. 如果用 ω_0 替代 ν_0 ($\nu_0 = \omega_0/(2\pi)$), 那么

$$A_m = (\omega_0/\pi) \int_0^{2\pi/\omega_0} F(t)\cos(m\omega_0 t)\,\mathrm{d}t,$$

$$B_m = (\omega_0/\pi) \int_0^{2\pi/\omega_0} F(t)\sin(m\omega_0 t)\,\mathrm{d}t,$$

$$C_m = (2\omega_0/\pi) \int_0^{2\pi/\omega_0} F(t)\,e^{-im\omega_0 t}\,\mathrm{d}t$$

在傅里叶级数中求系数, 常用的记忆形式是:

$$A_m = \frac{2}{周期} \int_{一个周期} F(t)\cos\left(\frac{2\pi m t}{周期}\right)\mathrm{d}t, \qquad (1.9)$$

$$B_m = \frac{2}{周期} \int_{一个周期} F(t)\sin\left(\frac{2\pi m t}{周期}\right)\mathrm{d}t \qquad (1.10)$$

请记住, 积分可以从任何起点 a 开始, 只要它延伸覆盖一个周期, 达到 $a+P$. 如果 $F(t)$ 在周期的不同部分有不同的解析形式, 那么积分可以根据需要细分成任意多个部分.

1.4 傅里叶变换

无论 $F(t)$ 是否是周期性的，我们都可以用正弦和余弦给出 $F(t)$ 的完整描述. 如果 $F(t)$ 不是周期性的，那么所有的频率都存在. 非周期函数可以看作周期函数的极限情况，其周期趋于无穷大，因此基频趋于零. 谐波的间隔越来越近，在极限情况下存在频率连续的谐波，每个谐波的幅值都是无穷小，如 $a(\nu)\mathrm{d}\nu$. 求和符号被积分符号代替，则有

$$F(t) = \int_{-\infty}^{+\infty} a(\nu)\mathrm{d}\nu\cos(2\pi\nu t) + \int_{-\infty}^{+\infty} b(\nu)\mathrm{d}\nu\sin(2\pi\nu t) \quad (1.11)$$

或者等价于：

$$F(t) = \int_{-\infty}^{+\infty} r(\nu)\cos(2\pi\nu t + \phi(\nu))\mathrm{d}\nu \quad (1.12)$$

或者等价于：

$$F(t) = \int_{-\infty}^{+\infty} \Phi(\nu)\mathrm{e}^{2\pi i\nu t}\mathrm{d}\nu \quad (1.13)$$

如果 $F(t)$ 是实的，也就是说，t 在任何时候 $F(t)$ 都是一个实数，那么 $a(\nu)$ 和 $b(\nu)$ 也是实的. 然而，$\Phi(\nu)$ 可能是复数，如果 $F(t)$ 是非对称的，那么 $\Phi(\nu)$ 一定是复数，因此 $F(t)$ 不等于 $F(-t)$. 这有时会导致更复杂的情况，这些问题将在第 8 章中讨论：但是 $F(t)$ 通常是对称的，这样 $\Phi(\nu)$ 就是实的，且 $F(t)$ 只包含余弦. 那么式 (1.13) 可以写为：

$$F(t) = \int_{-\infty}^{+\infty} \Phi(\nu)\cos(2\pi\nu t)\mathrm{d}\nu$$

由于复指数更容易操作，所以我们把式 (1.13) 作为标准形式. 然而，在许多实际应用中只需要考虑实的对称函数 $F(t)$ 和 $\Phi(\nu)$.

与傅里叶级数一样，函数 $\Phi(\nu)$ 可以通过反演公式从 $F(t)$ 中得到. 这是傅里叶理论的基石，因为令人惊讶的是，反演的形式与合成的形式完全相同，因此我们可以这样写，如果 $\Phi(\nu)$ 是实的且 $F(t)$ 是对称的，那么

$$\Phi(\nu) = \int_{-\infty}^{+\infty} F(t) \cos(2\pi\nu t) \, dt \qquad (1.14)$$

因此不仅 $\Phi(\nu)$ 是 $F(t)$ 的傅里叶变换，$F(t)$ 也是 $\Phi(\nu)$ 的傅里叶变换，两者合在一起称为"傅里叶对".

对这一点的完整而严谨的证明是冗长而乏味的[⊖]，此处没有必要详细描述，但可以给出形式化的定义. 此时适宜放弃物理变量时间和频率，通常改为抽象变量 x 和 p，则傅里叶变换的形式为

$$\Phi(p) = \int_{-\infty}^{+\infty} F(x) e^{2\pi i p x} \, dx, \qquad (1.15)$$

$$F(x) = \int_{-\infty}^{+\infty} \Phi(p) e^{-2\pi i p x} \, dp \qquad (1.16)$$

这两个公式[⊖]将从这里开始使用.

我们象征性地写为

$$\Phi(p) \rightleftharpoons F(x).$$

只有一个积分的指数中必须有负号. 只要遵守规则，你选哪一个无关紧要，如果规则在长时间的计算中被打破了，那么结果将是一团乱麻；如果其他人做了相反的选择，那么对给定函数计算的傅里叶对将是你所选择函数的复共轭.

当时间和频率是共轭变量时，我们将使用

$$\Phi(\nu) = \int_{-\infty}^{+\infty} F(t) e^{-2\pi i \nu t} \, dt, \qquad (1.17)$$

⊖ 例如，可以在 E. C. Titchmarsh 的《傅里叶积分理论导论》（*Introduction to the Theory of Fourier Integrations*）中找到它，Clarendon Press, Oxford, 1962 年；或者在 R. R. Goldberg 的《傅里叶变换》（*Fourier Transforms*）中找到它，Cambridge University Press, Cambridge, 1965 年.

⊖ 有时候你会发现

$$\Phi(p) = \frac{1}{2\pi} \int_{-\infty}^{+\infty} F(x) e^{ipx} \, dx; \quad F(x) = \int_{-\infty}^{+\infty} \Phi(p) e^{-ipx} \, dp$$

作为定义方程，同样，一些人通过以下定义变换来保持对称性

$$\Phi(p) = \left(\frac{1}{2\pi}\right)^{1/2} \int_{-\infty}^{+\infty} F(x) e^{ipx} \, dx; \quad F(x) = \left(\frac{1}{2\pi}\right)^{1/2} \int_{-\infty}^{+\infty} \Phi(p) e^{-ipx} \, dp$$

$$F(t) = \int_{-\infty}^{+\infty} \Phi(\nu) \mathrm{e}^{-2\pi i\nu t} \mathrm{d}\nu \qquad (1.18)$$

并象征性地写为

$$\Phi(\nu) \rightleftharpoons F(t)$$

把 2π 并入指数有两个很好的理由. 首先, 定义方程很容易记住, 不用担心 2π 的去向. 更重要的是, 像 t 和 ν 这样的量实际上是物理测量的量——时间和频率, 而不是时间和角频率 ω. 角度测量是给数学家的. 例如, 当一个人必须积分一个围绕圆柱的函数时, 用角度作为自变量是很方便的. 物理学家通常会发现指数中有 2π 时, 使用 t 和 ν 更方便.

1.5 共轭变量

传统的 x 和 p 是在考虑抽象变换时使用的, 它们被称为"共轭变量". 物理和工程的不同领域使用不同的对, 例如, 声学、电信和无线电中的频率 ν 和时间 t; 量子力学中的位置 x 和动量除以普朗克常数 $p/\hbar$; 衍射理论中的孔径 x 和衍射角的正弦除以波长 $p = \sin\theta/\lambda$.

一般来说, 我们使用 x 和 p 作为抽象实体, 并在需要时给出它们的物理意义. 值得记住的是, x 和 p 具有逆维性, 如时间 t 和频率 t^{-1}. 乘积 px 和任何指数一样, 是一个无量纲数.

还需要一个更进一步的定义: 函数的"功率谱"$^{\ominus}$. 这个概念在电气工程和物理学中都很重要. 如果功率是通过电磁辐射 (无线电波或光) 或电线或波导传输的, 则某一点的电压随时间的变化为 $V(t)$. $V(t)$ 的傅里叶变换 $\Phi(\nu)$ 很可能是——实际上通常是——复的. 然而, 每单位频率间隔传输的功率与 $\Phi(\nu)\Phi^*(\nu)$ 成比例, 其中比例常数取决于负载阻抗. 函数 $S(\nu) = \Phi(\nu)\Phi^*(\nu) = |\Phi(\nu)|^2$ 称为 $F(t)$ 的功率谱或谱功率密度 (Spectrum Power Density, SPD). 这就是光谱仪所测量的参数.

$\ominus$ 实际上是能谱, "功率谱"只是大多数书中常用的术语. 第 4 章将对此进行更详细的讨论.

1.6 图形表示法

经常发生的情况是，通过使用图表而不是公式，可以更深入地了解傅里叶变换所描述的物理过程. 当一个实函数 $F(x)$ 被变换时，它通常产生一个复函数 $\Phi(p)$，这需要一个阿干特图（Argand diagram）来证明. 需要三个维度：$\mathrm{Re}\,\Phi(p)$，$\mathrm{Im}\,\Phi(p)$ 和 p. 透视图将显示该函数，显示为或多或少的曲线. 如果 $F(x)$ 是对称的，那么线位于 $\mathrm{Re}\,p$ 面；如果 $F(x)$ 是反对称的，那么线位于 $\mathrm{Im}\,p$ 面. 第 8 章中的图 8.1 和图 8.2 说明了这一点.

特别是电气工程专业的学生，会把沿 p 轴的端点视为反馈理论的"奈奎斯特图"（Nyquist diagram）. 在后面的章节中将有这种图形表示的示例.

1.7 常用函数

有些函数在物理学中反复出现，它们的性质应该学习. 它们在理解其他函数的性质以及简化计算中非常有用，否则几乎无法完成. 主要有以下几个常用函数.

1.7.1 "帽顶"函数$^{\ominus}$

它的属性是

$$\Pi_a(x) = \begin{cases} 0, & -\infty < x < -a/2, \\ 1, & -a/2 < x < a/2, \\ 0, & a/2 < x < +\infty. \end{cases}$$

选择符号 Π 是为了帮助记忆.

其傅里叶对通过积分获得：

$\ominus$ 在美国叫作"厢式车"或"矩形"函数.

$$\Phi(p) = \int_{-\infty}^{+\infty} \Pi_a(x) e^{2\pi ipx} dx$$

$$= \int_{-a/2}^{a/2} e^{2\pi ipx} dx$$

$$= \frac{1}{2\pi ip}\left[e^{\pi ipa} - e^{-\pi ipa} \right]$$

$$= a\left[\frac{\sin(\pi pa)}{\pi pa} \right]$$

$$= a\,\mathrm{sinc}(\pi pa).$$

由 $\mathrm{sinc}(x) = \sin x/x$ 定义$^{\ominus}$的"sinc-函数"在整个物理过程中反复出现（见图 1.5）. 和前文一样，我们象征性地写为

$$\Pi_a(x) \rightleftharpoons a\,\mathrm{sinc}(\pi pa).$$

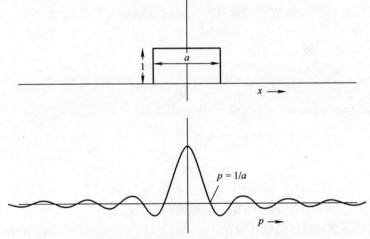

图 1.5 帽顶函数及其变换，sinc-函数

1.7.2 sinc-函数

sinc-函数 $\mathrm{sinc}(x) = \sin x/x$ 在 $x = 0$ 处值为 1，并且在 $x = n\pi$ 时为

$\ominus$ 注意：有些人将 $\mathrm{sinc}(x)$ 定义为 $\sin(\pi x)/\pi x$，这没有明显的好处，而且在论证复杂时偶尔会出现混淆.

0. 上面的函数 $\mathrm{sinc}(\pi pa)$ 是最常见的形式，当 $p = 1/a$，$2/a$，$3/a$，$\cdots$ 时为 0.

1.7.3 高斯函数

假设 $G(x) = \mathrm{e}^{-x^2/a^2}$，其中 a 是函数的"宽度参数". 当 $(x/a)^2 = \log_e 2$ 或 $x = \pm 0.8325a$ 时，$G(x)$ 的值为 1/2，因此高斯函数的半最大宽度 (the full width at half maximum，FWHM) 为 $1.665a$，且 $\int_{-\infty}^{+\infty} \mathrm{e}^{-x^2/a^2}\mathrm{d}x = a\sqrt{\pi}$. （每个科学家都应该知道！）

它的傅里叶变换是 $g(p)$：

$$g(p) = \int_{-\infty}^{+\infty} \mathrm{e}^{-x^2/a^2} \mathrm{e}^{2\pi ipx}\mathrm{d}x.$$

如图 1.6 所示，指数可以重写为（通过完成平方计算）：

$$-(x/a - \pi ipa)^2 - \pi^2 p^2 a^2,$$

因此

$$g(p) = \mathrm{e}^{-\pi^2 p^2 a^2} \int_{-\infty}^{+\infty} \mathrm{e}^{-(x/a - \pi ipa)^2}\mathrm{d}x.$$

代入 $x/a - \pi ipa = z$，因此 $\mathrm{d}x = a\mathrm{d}z$. 那么有

$$g(p) = a\mathrm{e}^{-\pi^2 p^2 a^2} \int_{-\infty}^{+\infty} \mathrm{e}^{-z^2}\mathrm{d}z$$
$$= a\sqrt{\pi}\mathrm{e}^{-\pi^2 a^2 p^2}.$$

因此 $g(p)$ 是另一个高斯函数，宽度参数为 $1/(\pi a)$.
请注意，原始高斯函数越宽，其傅里叶对就越窄.
同样要注意的是，傅里叶对在 $p = 0$ 处的值等于原始高斯分布下的面积.

1.7.4 指数衰减

物理学中通常用函数 $\mathrm{e}^{-x/a}$ 的正部分. 由于它是不对称的，所以它的傅里叶变换是复的：

$$\Phi(p) = \int_0^{+\infty} \mathrm{e}^{-x/a} \mathrm{e}^{2\pi ipx}\mathrm{d}x$$
$$= \left[\frac{\mathrm{e}^{2\pi ipx - x/a}}{2\pi ip - 1/a}\right]_0^{+\infty} = \frac{-1}{2\pi ip - 1/a}.$$

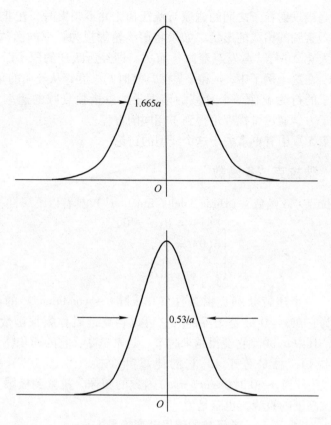

图 1.6 高斯函数及其变换，另一个高斯函数的半最大宽度
与其傅里叶对的半最大宽度成反比

通常，该函数的功率谱是最有趣的：

$$|\varPhi(p)|^2 = \frac{a^2}{4\pi^2 p^2 a^{2+1}}$$

这是一条钟形曲线，外观类似于高斯曲线，通常称为洛伦兹线型
（Lorentz profile）.⊖其半最大宽为 $1/(\pi a)$.

⊖ 它也被数学家称为"阿涅西女巫"，或者更准确地说是"阿涅西曲线"，18 世纪的
数学家玛丽亚·阿涅西（1718—1799）对它进行了研究. 译者把"曲线"（versi-
era）和"巫婆"（avversiera）弄混了.

这是当发射粒子之间的碰撞与跃迁相比并不频繁时，在非常低的压力下观察到的谱线的形状．如果将谱线轮廓视为频率的函数 $I(\nu)$，则半最大宽 $\Delta\nu$ 与"激发态寿命"有关，即经历跃迁的原子跃迁概率的倒数．在这个例子中，a 和 x 显然具有时间维度，从经典的角度看，发射粒子的行为就像一个衰减的谐振子，以指数衰减的速率发射能量．量子力学通过微扰理论得到了相同的方程．

在第 5 章中有更多关于这个线型的讨论．

1.7.5 狄拉克"δ 函数"

狄拉克"δ 函数"（Dirac 'delta-function'）具有以下属性：

$$\begin{cases} \delta(x) = 0\,(x \neq 0), \\ \delta(0) = \infty, \\ \int_{-\infty}^{+\infty} \delta(x)\,\mathrm{d}x = 1. \end{cases}$$

这是一个违背狄利克雷条件（Dirichlet's conditions）的函数例子，因为它在 $x = 0$ 处是无界的．它可以粗略地看作帽顶函数 $(1/a)$ $\Pi_a(x)$，其中 $a \to 0$．它变得越来越窄、越来越高，它的面积，我们称为它的振幅，总是等于 1．它的傅里叶变换（见图 1.7）是 sinc (πpa)，并且当 $a \to 0$ 时，$\mathrm{sinc}(\pi pa)$ 函数的图像．拉紧到极限为 x 轴以上单位高度的直线，也就是说：

δ 函数的傅里叶变换是 1

我们写为：

$$\delta(x) \rightleftharpoons 1.$$

或者，更准确地说，它是单位面积高斯函数的极限情况，因为它变得越来越窄、越来越高．它的傅里叶变换是另一个单位高度的高斯变换，变得越来越宽，直到在极限情况下，它是一条单位高度的直线．

虽然函数的高度是无限的，但我们经常会遇到它与一个常数相乘．在这种情况下，将函数 $a\delta(x)$ 称为具有"高度"，有 a 是很方便的，即使不是严格精确的．

δ 函数（或 δ-函数）的下列常用性质应该记住．分别是：

$$\delta(x - a) = 0\,(x \neq a),$$

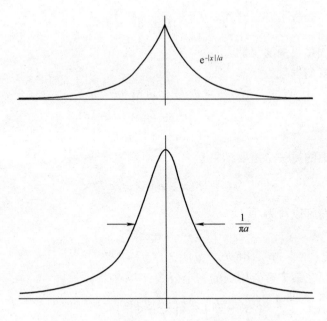

图 1.7 指数衰减 $e^{-|x|/a}$ 及其傅里叶变换

以及所谓的"移位定理":

$$\int_{-\infty}^{+\infty} f(x)\delta(x-a)\,\mathrm{d}x = f(a),$$

其中除了在 $x = a$ 处，积分符号下的乘积为零，积分得到 δ 函数的振幅为 $f(a)$.

使用移位定理很容易证明，当 a, b, c 和 d 为正值⊖时

$$\delta(x/a - 1) = a\delta(x - a),$$

为了显示这一点，代入 $x = au$, $\mathrm{d}x = a\mathrm{d}u$. 那么

$$\int_{-\infty}^{+\infty} \delta(x/a - 1)f(x)\,\mathrm{d}x = a\int_{-\infty}^{+\infty} \delta(u - 1)f(au)\,\mathrm{d}u.$$

除了在点 $u = 1$ 处，被积函数是零，所以结果是 $af(a)$. 将此与下式对比

⊖ 对于这些量的负值，可能需要一个负号，记住 δ-函数的积分总是正的，即使 a 可能是负的. 或者，我们可以写 $\delta(x/a - 1) = |a|\delta(x - a)$.

$$\int_{-\infty}^{+\infty} \delta(x-a)f(x)\,\mathrm{d}x = f(a)$$

这种替代是显而易见的.

同样,我们发现

$$\delta(a/b - c/d) = ac\delta(ad - bc)$$
$$= bd\delta(ad - bc)$$
$$\delta(ax) = (1/a)\delta(x)$$

移位定理的另一个重要结果是

$$\int_{-\infty}^{+\infty} \mathrm{e}^{2\pi ipx}\delta(x-a)\,\mathrm{d}x = \mathrm{e}^{2\pi ipa}.$$

这样我们可以写为

$$\delta(x-a) \rightleftharpoons \mathrm{e}^{2\pi ipa},$$
$$\delta(mx-a) \rightleftharpoons (1/m)\,\mathrm{e}^{2\pi ipa/m}.$$

以及我们在第 7 章会用到的一个公式:

$$\frac{1}{n}\delta\left(\frac{p}{l} - \frac{r}{n}\right) = \delta\left(\frac{pn}{l} - r\right) \rightleftharpoons \mathrm{e}^{-2\pi i\left(\frac{pn}{l}-r\right)}.$$

1.7.6　一对 δ- 函数

如果两个 δ 函数相等地分布在原点的任一侧,那么傅里叶变换为余弦波:

$$\delta(x-a) + \delta(x+a) \rightleftharpoons \mathrm{e}^{2\pi ipa} + \mathrm{e}^{-2\pi ipa}$$
$$= 2\cos(2\pi pa).$$

1.7.7　狄拉克梳状函数

这是一组无限的等距 δ 函数,通常用西里尔字母 $Ш$(shah)表示. 正式地说,我们写为

$$Ш_a(x) = \sum_{n=-\infty}^{+\infty} \delta(x - na)$$

它很有用,因为它允许我们在傅里叶变换的一般理论中包含傅里叶级数. 例如,$Ш_a(x)$ 和 $(1/b)Ш_b(x)$(其中 $b < a$)的卷积(将在后面描述)是类似于前文示例中的周期 a 和宽度 b 的方波,并且每个矩形都

具有单位面积. 傅里叶变换是一个狄拉克梳状函数（The Dirac comb），"齿"的高度为 a_m，间隔为 $1/a$. 当然，a_m 是级数中的系数.

如果允许方波变得无限宽和无限高，使得每个矩形下的面积为 1，那么系数 a_m 都将变得具有相同的高度 $1/a$. 换句话说，狄拉克梳状函数的傅里叶变换是另一个狄拉克梳状函数：

$$\text{Ш}_a(x) \rightleftharpoons \frac{1}{a}\,\text{Ш}_{1/a}(p),$$

再次注意，p- 空间中的周期是 x- 空间中周期的倒数.

这不是狄拉克梳状函数傅里叶变换的正式演示. 严格的证明要复杂得多，但在这里没有必要做过多描述.

1.8　工作实例

（1）如图 1.8 所示的矩形脉冲序列，脉冲宽度等于脉冲周期的 1/4. 显示第 4，8，12 等谐波缺失.

在一个脉冲的中心取 $x = 0$，函数明显对称，因此只有余弦振幅：

$$A_n = \frac{2}{P}\int_{-P/8}^{P/8} h\cos\left(\frac{2\pi nx}{P}\right)\mathrm{d}x$$

$$= \left(\frac{h}{\pi n}\right)2\sin\left(\frac{2\pi n}{P}\cdot\frac{P}{8}\right)$$

$$= \left(\frac{h}{2}\right)\text{sinc}\left(\frac{\pi n}{4}\right)$$

因此 $A_n = 0$　　$(n = 4, 8, 12, \cdots)$.

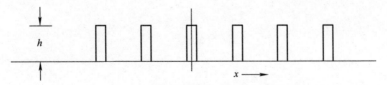

图 1.8　一种矩形脉冲序列，具有 4:1 的"标记-空间"比

（2）求锯齿波的正弦振幅，如图 1.9 所示.

通过选择其中一个齿的一半位置为原点，函数显然是反对称的，因此没有余弦振幅：

$$B_n = \frac{2}{P} \int_{-P/2}^{P/2} \frac{xh}{P} \sin\left(\frac{2\pi nx}{P}\right) \mathrm{d}x$$

$$= \frac{2h}{P^2} \left[-x\cos\left(\frac{2\pi nx}{P}\right)\frac{P}{2\pi n} + \frac{P^2}{4\pi^2 n^2}\sin\left(\frac{2\pi nx}{P}\right) \right]_{-P/2}^{P/2}$$

$$= \left[-2h/(\pi n) \right]\cos(\pi n)$$

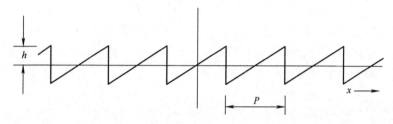

图 1.9　锯齿形波形，与原点反对称

因为 $\sin(\pi n) = 0$，所以

$$B_0 = 0,$$

$$B_n = (-1)^{n+1}\left[2h/(\pi n)\right], n \neq 0.$$

　　有趣的是，当原点位于齿尖时，计算正弦振幅是值得的，可以了解改变原点位置如何改变振幅. 同样值得对类似的波进行计算，如用负向斜率代替正向斜率.

2.1 狄利克雷条件

并非所有函数都可以进行傅里叶变换. 如果它们满足某些条件，即狄利克雷条件，那么它们是可变换的.

如果被积函数满足下列条件，则第 1 章中正式定义傅里叶变换的积分将存在：

1. 函数 $F(x)$ 和 $\Phi(p)$ 平方可积，也就是说 $\int_{-\infty}^{+\infty} |F(x)|^2 \mathrm{d}x$ 是有限的，这意味着当 $|x| \to \infty$ 时，$F(x) \to 0$.

2. $F(x)$ 和 $\Phi(p)$ 是单值. 如图 2.1 所示的曲线，尽管具有令人尊敬的笛卡儿方程[⊖]，但不是可傅里叶变换的.

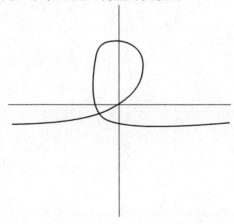

图 2.1   像这样的双值函数不是可傅里叶变换的

⊖ $y = (x-1)\sqrt{x}.$

3. $F(x)$ 和 $\Phi(p)$ 是"分段连续"的. 函数可以被分解成不同的部分, 这样在连接处就可以有任意多个独立的间断, 但函数在间断点之间必须是连续的, 例如魏尔斯特拉斯所定义的那样. ⊖

4. 函数 $F(x)$ 和 $\Phi(p)$ 有上界和下界. 这是一个充分条件, 但尚未证明是必要的. 事实上, 我们应该假定它不是. 例如, δ-函数不符合这个条件. 图 2.2 显示了另一个示例. 还没有一个工程师或物理学家为此而失眠.

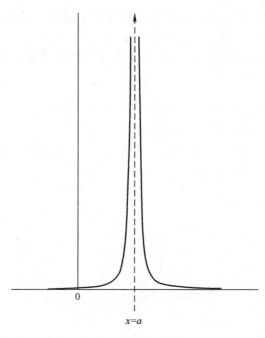

图 2.2 $F(x) = 1/(x-a)^2$, 一个不可傅里叶变换的 x 的无界函数

⊖ 经典的非一致性例子是狄利克雷函数 $W(x)$, 它的性质是: 如果 x 是有理的, $W(x) = 1$; 如果 x 是无理的, $W(x) = 0$. 它看起来像一条直线, 但它是不可变换的, 因为可以证明, 在任意两个有理数之间, 无论多么接近, 至少有一个无理数, 在任意两个无理数之间, 至少有一个有理数, 所以函数处处是不连续的.

在自然界中，所有可以用数学描述的现象似乎都只需要符合狄利克雷条件的函数. 例如，我们可以用一个函数来描述"波包"的电场，这个函数是连续的、有限的、处处都是单值的，而且，由于波包只包含有限的能量，电场是平方可积的.

2.2 定理

有几个定理在处理傅里叶对时很有用，我们应该记住. 在大多数情况下，证明是基础的，应用傅里叶变换的艺术在于用这些定理来处理函数，而不是做大量而乏味的初等积分. 正是由于这一点，使傅里叶理论成为应用科学家的有力工具.

在下文中，我们假设

$$F_1(x) \rightleftharpoons \Phi_1(p) \,;\, F_2(x) \rightleftharpoons \Phi_2(p),$$

其中"$\rightleftharpoons$"表示 $F_1(x)$ 和 $\Phi_1(p)$ 是傅里叶对.

加法定理指出

$$F_1(x) + F_2(x) \rightleftharpoons \Phi_1(p) + \Phi_2(p) \tag{2.1}$$

第 1 章中已经提到的移位定理有以下引理：

$$F_1(x+a) \rightleftharpoons \Phi_1(p) e^{2\pi ipa},$$

$$F_1(x-a) \rightleftharpoons \Phi_1(p) e^{-2\pi ipa},$$

$$F_1(x-a) + F_1(x+a) \rightleftharpoons 2\Phi_1(p)\cos(2\pi pa). \tag{2.2}$$

特别注意，如果 $F_1(x)$ 是 δ- 函数，引理是

$$\delta(x+a) \rightleftharpoons e^{-2\pi ipa},$$

$$\delta(x-a) \rightleftharpoons e^{2\pi ipa},$$

$$\delta(x-a) + \delta(x+a) \rightleftharpoons 2\cos(2\pi pa). \tag{2.3}$$

第三种方法如图 2.3 所示.

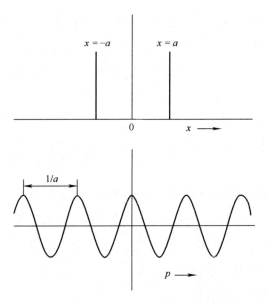

图 2.3　一对 δ- 函数和它们的变换

2.3　卷积和卷积定理

　　卷积是一个重要的概念，特别是在应用物理中，卷积的概念可以用一个简单的例子来说明.

　　想象一个"完美"的分光计，得到强度为 S、波长为 λ_0 的单色光源，画一张强度与波长的关系图.

　　用 $S\delta(\lambda - \lambda_0)$ 表示光源的光谱功率密度（"光谱"，见图 2.4）. 光谱仪将把图绘制为 $kS\delta(\lambda - \lambda_0)$，其中 k 是一个系数，它取决于光谱仪的吞吐量、其几何形状和探测器灵敏度.

　　没有哪种分光计在实践中是完美的，而真正的仪器会根据单色输入绘制出一条连续的曲线 $kSI(\lambda - \lambda_0)$，其中 $I(\lambda)$ 被称为"工具函数"并且 $\int_{-\infty}^{+\infty} I(\lambda)\,d\lambda = 1$.

　　现在我们探究仪器将绘制什么来响应连续的光谱输入. 假设作为波长函数的光源强度为 $S(\lambda)$. 我们假设任意波长 λ_1 的单色线将被绘

制为形状类似的函数 $kI(\lambda - \lambda_1)$. 这样，光谱的一个极小间隔就可以看作一条单色线，例如，在 λ_1 处，强度为 $S(\lambda_1)\mathrm{d}\lambda_1$，并由光谱仪绘制为 λ 的函数：

$$\mathrm{d}O(\lambda) = kS(\lambda_1)\mathrm{d}\lambda_1 I(\lambda - \lambda_1),$$

显然，在另一个波长 λ_2 处的强度是

$$\mathrm{d}O(\lambda_2) = kS(\lambda_1)I(\lambda_2 - \lambda_1)\mathrm{d}\lambda_1.$$

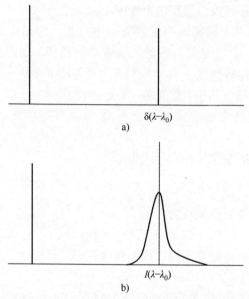

图 2.4　单色波图 2.4a 进入和图 2.4b 离开分光计的光谱. 图 b 曲线下的面积必须是 1，与 δ 函数下的"面积"相同，以便保留"工具函数"的概念

λ_2 处的总功率实际上是通过对所有波长积分得到的：

$$O(\lambda_2) = k\int_{-\infty}^{+\infty} S(\lambda_1)I(\lambda_2 - \lambda_1)\mathrm{d}\lambda_1,$$

或者，去掉不必要的下标，

$$O(\lambda) = k\int_{-\infty}^{+\infty} S(\lambda_1)I(\lambda - \lambda_1)\mathrm{d}\lambda_1,$$

输出曲线 $O(\lambda)$ 是光谱 $S(\lambda)$ 与工具函数 $I(\lambda)$ 的卷积.

这是工具函数 $I(\lambda)$ 的概念，在这里很重要. 我们假设输入任何单色线都能得到相同的形状 $I(\lambda)$. 这个概念扩展到各种测量仪器，

并有各种各样的名称，如"脉冲响应""点扩散函数""格林函数"等，这取决于正在讨论物理或电气工程的哪个分支. 例如，在电子电路中，它回答了这样一个问题："如果你输入一个尖锐的脉冲，会发生什么？"大多数仪器都没有固定的独特的"仪器函数"，但函数的变化往往足够慢（在分光计的例子中，随着波长变化而变化），使得"仪器函数"不变的想法可以用于实际计算.

这个想法还可以设想在两个维度上：一个点状物体（例如一颗遥远的恒星）被一个相机镜头成像为一小片光，即镜头的"点扩散函数". 即使是一个"完美"的透镜也有衍射图样，所以最好的办法就是把一个点物体转换成一个"埃利斑"（Airy-disc）———一个直径为 $1.22f\lambda/d$ 的光斑，其中 f 是焦距，d 是透镜直径. 一般来说，当拍摄照片时，镜头给出的图像是其点扩散函数与物体在二维平面上的卷积.

两个函数的卷积的正式定义为

$$C(x) = \int_{-\infty}^{+\infty} F_1(x')F_2(x-x')\,\mathrm{d}x', \qquad (2.4)$$

我们把它象征性地写为

$$C(x) = F_1(x) * F_2(x),$$

卷积遵循各种运算规则，可以使用它们进行操作.

1. 交换律：

$$C(x) = F_1(x) * F_2(x) = F_2(x) * F_1(x),$$

或

$$C(x) = \int_{-\infty}^{+\infty} F_2(x')F_1(x-x')\,\mathrm{d}x'.$$

可以用一个简单的替换来表示.

2. 分配律：

$$F_1(x) * [F_2(x) + F_3(x)] = F_1(x) * F_2(x) + F_1(x) * F_3(x).$$

3. 结合律：卷积的概念可以扩展到三个或更多个函数，卷积的顺序无关紧要：

$$F_1(x) * [F_2(x) * F_3(x)] = [F_1(x) * F_2(x)] * F_3(x).$$

通常三个函数的卷积是不加方括号的：

$$C(x) = F_1(x) * F_2(x) * F_3(x)$$
$$= \int_{-\infty}^{+\infty} \int_{-\infty}^{+\infty} F_1(x - x') F_2(x' - x'') F_3(x'') \mathrm{d}x' \mathrm{d}x''.$$

事实上，一个完整的卷积代数是存在的，并且在厘清一些在物理学中发现的看起来更吓人的函数方面非常有用．例如，

$$[F_1(x) + F_2(x)] * [F_3(x) + F_4(x)] = F_1(x) * F_3(x) + F_1(x) * F_4(x) + $$
$$F_2(x) * F_3(x) + F_2(x) * F_4(x)$$

有一种方法可以可视化一个卷积．先绘制 $F_1(x)$ 的图形，再在一张透明的纸上画 $F_2(x)$ 的图形．将透明图形绕纵轴翻转，并将 F_2 的镜像放置在 F_1 图形的上面，当两个 y 轴偏移距离 x' 时，对两个函数的乘积进行积分，所得的结果就是 $C(x')$ 图上的一个点．

2.3.1　卷积定理

除了傅里叶反演定理外，卷积定理是傅里叶理论中最令人吃惊的结果．具体如下：

如果 $C(x)$ 是 $F_1(x)$ 与 $F_2(x)$ 的卷积，那么它的傅里叶对，即 $\Gamma(p)$，是 $\Phi_1(p)$ 与 $\Phi_2(p)$（即 $F_1(x)$ 与 $F_2(x)$ 的傅里叶对）的乘积．可以象征性地写为：

$$F_1(x) * F_2(x) \rightleftharpoons \Phi_1(p) \cdot \Phi_2(p) \tag{2.5}$$

这个定理的应用博大精深．根据定义，它的证明是基本的：

$$C(x) = \int_{-\infty}^{+\infty} F_1(x') F_2(x - x') \mathrm{d}x'.$$

对等式两边进行傅里叶变换（注意，由于极限是 $\pm\infty$，x' 是一个虚拟变量，可以用任何其他尚未使用的符号替换）：

$$\Gamma(p) = \int_{-\infty}^{+\infty} C(x) \mathrm{e}^{2\pi i p x} \mathrm{d}x = \int_{-\infty}^{+\infty} \int_{-\infty}^{+\infty} F_1(x') F_2(x - x') \mathrm{e}^{2\pi i p x} \mathrm{d}x' \mathrm{d}x.$$

$$\tag{2.6}$$

引入一个新变量 $y = x - x'$．在 x 积分过程中，x' 保持不变，$\mathrm{d}x = \mathrm{d}y$：

$$\Gamma(p) = \int_{-\infty}^{+\infty} \int_{-\infty}^{+\infty} F_1(x') F_2(y) \mathrm{e}^{2\pi i p (x' + y)} \mathrm{d}x' \mathrm{d}y.$$

上式可以分开写为

$$\Gamma(p) = \int_{-\infty}^{+\infty} F_1(x') e^{2\pi i p x'} dx' \cdot \int_{-\infty}^{+\infty} F_2(y) e^{2\pi i p y} dy$$
$$= \Phi_1(p) \cdot \Phi_2(p).$$

2.3.2 卷积的例子

卷积的主要用途之一是产生新的函数，这些函数很容易用卷积定理进行傅里叶变换.

利用 δ- 函数的性质，函数与 δ- 函数 $\delta(x-a)$ 的卷积为

$$C(x) = \int_{-\infty}^{+\infty} F(x-x') \delta(x'-a) dx' = F(x-a),$$

这可以象征性地写为：

$$F(x) * \delta(x-a) = F(x-a).$$

将卷积定理应用于此具有指导意义，因为它会产生移位定理：

$$F(x) \rightleftharpoons \Phi(p); \delta(x-a) \rightleftharpoons e^{-2\pi i p a}$$

因此 $F(x-a) = F(x) * \delta(x-a) \rightleftharpoons \Phi(p) e^{-2\pi i p a}$.

更有趣的是一对 δ- 函数与另一个函数的卷积：

$$[\delta(x-a) + \delta(x+a)] \rightleftharpoons 2\cos(2\pi p a),$$

因此

$$[\delta(x-a) + \delta(x+a)] * F(x) \rightleftharpoons 2\cos(2\pi p a) \cdot \Phi(p), \quad (2.7)$$

如图 2.5 所示.

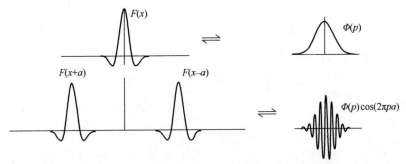

图 2.5　δ- 函数对与 $F(x)$ 的卷积及其傅里叶变换

根据第 1 章，高斯函数 $g(x) = e^{-x^2/a^2}$ 的傅里叶变换是 $a\sqrt{\pi}$ $e^{-\pi^2 p^2 a^2}$，两条不相等的高斯曲线的卷积 $e^{-x^2/a^2} * e^{-x^2/b^2}$ 可以通过枯燥

的微积分练习得到，或者应用卷积定理得到：

$$e^{-x^2/a^2} * e^{-x^2/b^2} \rightleftharpoons ab\pi e^{-\pi^2 p^2(a^2 + b^2)}$$

右边的傅里叶变换是

$$\frac{ab\sqrt{\pi}}{\sqrt{a^2 + b^2}} e^{-x^2/(a^2 + b^2)}, \tag{2.8}$$

从而得出一个有用的实际结果：

宽度参数为 a 和 b 的两个高斯函数的卷积是宽度参数为

$$\sqrt{a^2 + b^2} \text{的另一个高斯函数}$$

或者换句话说，得到的半最大宽是两个分量半最大宽的勾股和.

两个相等的帽顶函数的卷积（见图 2.6）是显示卷积定理强大的一个很好的例子. 可以看出，两个帽顶函数（高度为 h，宽度为 a）的卷积是一个三角形，通常称为"三角形函数"，用 $\Lambda_a(x)$ 表示，高度为 $h^2 a$，底长为 $2a$.

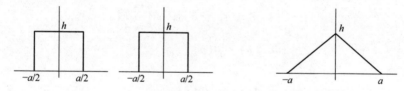

图 2.6　三角形函数 $\Lambda_a(x)$ 是两个帽顶函数的卷积

这个三角形函数的傅里叶变换可以通过初等积分来完成，把积分分成两部分：$x = -a \rightarrow 0$ 和 $x = 0 \rightarrow a$，这个计算也比较烦琐. 另一方面，如果思考 $h\Pi_a(x) \rightleftharpoons ah\mathrm{sinc}(\pi pa)$，那么 $h^2 a\Lambda_a(x) \rightleftharpoons a^2 h^2 \mathrm{sinc}^2(\pi pa)$，或者更常用的是，

$$h\Lambda_a(x) \rightleftharpoons ah\mathrm{sinc}^2(\pi pa)$$

sinc^2-函数的高度是三角形下的面积.

2.3.3　自相关定理

这看起来类似卷积定理，但有不同的物理解释. 这将在后面的维纳-辛钦定理（Wiener-Khinchine theorem）中提到. 函数 $F(x)$ 的自相关函数定义为

$$A(x) = \int_{-\infty}^{+\infty} F(x') F(x + x') \, dx',$$

自相关过程可以认为是一个函数的每一个点与距离 x' 上的另一个点相乘，然后求所有乘积的和；或者像前面描述的卷积一样，但函数相同，不取其中一个的镜像.

有一个定理类似于卷积定理，还是从定义开始：

$$A(x) = \int_{-\infty}^{+\infty} F(x') F(x + x') \, dx',$$

将两侧进行傅里叶变换：

$$\Gamma(p) = \int_{-\infty}^{+\infty} A(x) e^{2\pi i p x} \, dx = \int_{-\infty}^{+\infty} \int_{-\infty}^{+\infty} F(x') F(x + x') e^{2\pi i p x} \, dx' dx,$$

使得 $x + x' = y$. 那么，如果 x' 保持不变，即有 $dx = dy$：

$$\Gamma(p) = \int_{-\infty}^{+\infty} \int_{-\infty}^{+\infty} F(x') F(y) e^{2\pi i p (y - x')} \, dx' dy,$$

可以分解为

$$\Gamma(p) = \int_{-\infty}^{+\infty} F(x') e^{-2\pi i p x'} \, dx' \cdot \int_{-\infty}^{+\infty} F(y) e^{2\pi i p y} \, dy$$

$$= \Phi^*(p) \cdot \Phi(p),$$

因此

$$A(x) \rightleftharpoons |\Phi(p)|^2.$$

值得注意的是，由于 $\Phi^*(p) \cdot \Phi(p)$ 是实的，自相关函数自然地是 x 的对称函数. 直觉上这是显而易见的.

维纳-辛钦定理可以被认为是这个定理的物理版本，这将在第 4 章中详细介绍. 定理描述为如果 $F(t)$ 代表一个信号，那么它的自相关函数（除去比例常数）是它的功率谱 $|\Phi(\nu)|^2$ 的傅里叶变换.

2.4 卷积代数

你可以把卷积看作一种类似加法、减法、乘法、除法、积分和微分的数学运算. 卷积运算和其他运算相结合是有规则的. 例如，它不能与乘法联系在一起，通常

$$[A(x) * B(x)] \cdot C(x) \neq A(x) * [B(x) \cdot C(x)],$$

但是卷积符号和乘法符号可以在傅里叶变换符号之间交换，这在实践中非常有用. 例如，

$$[A(x) * B(x)] \cdot [C(x) * D(x)] \rightleftharpoons [a(p) \cdot b(p)] * [c(p) \cdot d(p)],$$

（显然，大写和小写字母已经被用来表示傅里叶对了）

作为进一步的例子：

$$A(x) * [B(x) \cdot C(x)] \rightleftharpoons a(p) \cdot [b(p) * c(p)],$$

$$[A(x) + B(x)] * [C(x) + D(x)] \rightleftharpoons [a(p) + b(p)] \cdot [c(p) + d(p)],$$

$$[A(x) * B(x) + C(x) \cdot D(x)] \cdot E(x) \rightleftharpoons [a(p) \cdot b(p) + c(p) * d(p)] * e(p).$$

就我们在物理学和工程学中使用傅里叶变换而言，我们主要关心的是函数和这样的操作来解决问题，而熟练掌握这一相对简单的代数是成功的关键. 当前有许多软件可用于数字化计算傅里叶变换. 然而，大多数计算是用复指数来完成的，这些都涉及全复变换. 下一章会讨论这个问题.

2.4.1　两个 δ- 函数的卷积

两个 δ- 函数的卷积可以看作两个高斯函数卷积的极限情况：换句话说，它是另一个 δ- 函数，

$$A\delta(x) * B\delta(x) = AB\delta(x),$$

根据 δ- 函数的定义，在几行代数运算后得到：

$$\lim_{a \to 0} \frac{1}{a\sqrt{\pi}} \cdot e^{-x^2/a^2}$$

2.5　其他定理

2.5.1　微分定理

如果 $\Phi(p)$ 和 $F(x)$ 是傅里叶对 $F(x) \rightleftharpoons \Phi(p)$，那么

$$dF/dx \rightleftharpoons -2\pi i p \Phi(p)$$

证明是基础的，可以分部积分 dF/dx，也可以微分[○] $F(x)$：

$$F(x) = \int_{-\infty}^{+\infty} \Phi(p) e^{-2\pi ipx} dp,$$

关于 x 进行微分：

$$\begin{aligned} dF/dx &= \int_{-\infty}^{+\infty} -2\pi ip\Phi(p) e^{-2\pi ipx} dp \\ &= -2\pi i \int_{-\infty}^{+\infty} p\Phi(p) e^{-2\pi ipx} dp. \end{aligned} \qquad (2.9)$$

等式右边是 $-2\pi i$ 乘以 $p\Phi(p)$ 的傅里叶变换.

例 1：帽顶函数 $\Pi_a(x) \rightleftharpoons a\,\mathrm{sinc}(\pi pa)$. 如果帽顶函数也用 x 微分，结果是一对在斜率为无穷大点处的 δ- 函数：

$$\frac{d\Pi_a(x)}{dx} = \delta(x + a/2) - \delta(x - a/2),$$

进行变换得到

$$\begin{aligned} \delta(x + a/2) - \delta(x - a/2) &\rightleftharpoons e^{-\pi ipa} - e^{\pi ipa} = -2i\sin(\pi pa) \\ &= -2\pi ip[a\,\mathrm{sinc}(\pi pa)], \end{aligned}$$

该定理扩展到进一步的微分：

$$d^n F(x)/dx^n \rightleftharpoons (-2\pi ip)^n \Phi(p),$$

这在数学中得到了很大的应用.

例 2：如果一条对称曲线关于 y 轴的转动惯量为无穷大，则其傅里叶变换在原点处有一个尖点. 因为

$$\int_{-\infty}^{+\infty} f(x) dx = \phi(0).$$

如果

$$\left(\frac{\partial^2 f}{\partial x^2}\right)_{x=0} = -4\pi^2 \int_{-\infty}^{+\infty} p^2 \phi(p) dp = \infty$$

在原点处 $\partial f/\partial x$ 不连续.

○ 注意：只有当 $F(x)$ 是一个服从狄利克雷条件的解析函数时，这才有效. 例如，不要尝试 δ- 函数或赫维赛德（Heaviside）阶跃函数.

例3：简谐运动的微分方程为

$$md^2 F(t)/\mathrm{d}t^2 + kF(t) = 0$$

上式中，$F(t)$ 是振子在时间 t 时距平衡点的位移. 如果我们对这个方程进行傅里叶变换，$F(t)$ 变成 $\Phi(\nu)$，$\mathrm{d}^2 F(t)/\mathrm{d}t^2$ 变成 $-4\pi^2 \nu^2 \Phi(\nu)$. 然后方程变成

$$\Phi(\nu)(k/m - 4\pi^2 \nu^2) = 0,$$

其中，除了平凡解 $\Phi(\nu) = 0$，有

$$\nu = \pm \frac{1}{2\pi}\sqrt{\frac{k}{m}},$$

这只是用傅里叶变换解微分方程的能力的一小部分.

2.5.2 卷积微分定理

$$\frac{\mathrm{d}}{\mathrm{d}x}\left[F_1(x) * F_2(x)\right] = F_1(x) * \frac{\mathrm{d}F_2(x)}{\mathrm{d}x} = \frac{\mathrm{d}F_1(x)}{\mathrm{d}x} * F_2(x)$$

$$(2.10)$$

两个函数卷积的导数是其中一个函数与另一个函数的导数的卷积. 这个证明很简单，留作练习.

2.5.3 帕塞瓦尔定理 （Parseval's theorem）

这个定理有多种形式，它有时被称为"瑞利定理"（Rayleigh's theorem）或简单的"幂定理"，通常描述为

$$\int_{-\infty}^{+\infty} F_1(x) F_2^*(x)\,\mathrm{d}x = \int_{-\infty}^{+\infty} \Phi_1(p) \Phi_2^*(p)\,\mathrm{d}p \qquad (2.11)$$

上标 $*$ 表示复共轭. 定理的证明见附录 A.1.

两个特别有趣的特殊情况是

$$\frac{1}{P}\int_0^P |F(x)|^2\,\mathrm{d}x = \sum_{n=-\infty}^{+\infty}(a_n^2 + b_n^2) = \frac{A_0^2}{4} + \frac{1}{2}\sum_{n=1}^{+\infty}\left[A_n^2 + B_n^2\right],$$

$$(2.12)$$

可用于得到周期波形的功率，以及对于非周期傅里叶对，有下式

$$\int_{-\infty}^{+\infty} |F(x)|^2 \mathrm{d}x = \int_{-\infty}^{+\infty} |\Phi(p)|^2 \mathrm{d}p. \qquad (2.13)$$

2.5.4 抽样定理

这也被称为插值函数理论的"基本定理",起源于 Whittaker[⊖],他提出并回答了以下问题:为了检测所有频率,必须多久测量(采样)一次信号?答案是采样间隔必须是存在的最高频率的两倍的倒数.

这个定理最好用图表来说明(见图 2.7).最高频率有时称为"折叠频率",或者称为"奈奎斯特频率"(Nyquist 频率),并用符号 ν_f 表示.

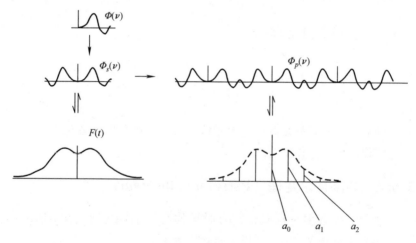

图 2.7　抽样定理

假设信号的频谱 $\Phi(\nu)$ 关于原点对称,并且从 $-\nu_f$ 延伸到 ν_f. 它与周期为 $2\nu_0$ 的狄拉克梳状函数的卷积是一个周期函数,而这个周期函数的傅里叶变换是狄拉克梳状函数与原始信号的乘积:换句话说,它是表示周期函数的级数中的一组傅里叶系数. 只要系数是已知的,那么周期函数就是已知的,并且系数是以 $1/(2\nu_f)$ 为间隔的原始信号

⊖　J. M. Whittaker,国际函数论,剑桥大学出版社,剑桥,1935 年.

$F(t)$ 的值乘以适当的常数. 已知的系数越多, 可以加入的谐波就越多, 重构时函数可以看到的细节也就越多. 如下所示借助插值定理, 就可以填充样本点之间的所有点.

$F(t)$ 和 $\varPhi(\nu)$ 依旧作为傅里叶对, 就可以正式地写出这个过程. $F(t) \mathrm{III}_a(t)$ 的傅里叶变换是

$$\int_{-\infty}^{+\infty} F(t) \, \mathrm{III}_a(t) \, \mathrm{e}^{-2\pi \mathrm{i}\nu t} \mathrm{d}t = \varPhi(\nu) * \mathrm{III}_{1/a}(\nu),$$

将左侧改写为

$$\int_{-\infty}^{+\infty} F(t) \sum_{n=-\infty}^{+\infty} \delta(t-na) \mathrm{e}^{-2\pi \mathrm{i}\nu t} \mathrm{d}t = \sum_{n=-\infty}^{+\infty} \int_{-\infty}^{+\infty} F(t) \delta(t-na) \mathrm{e}^{-2\pi \mathrm{i}\nu t} \mathrm{d}t$$

$$= \sum_{n=-\infty}^{+\infty} F(na) \mathrm{e}^{-2\pi \mathrm{i}\nu na} = \varPhi'(\nu).$$

现在左边是一个傅里叶级数, 因此 $\varPhi'(\nu)$ 是一个周期函数, 即 $\varPhi(\nu)$ 与周期为 $1/a$ 的狄拉克梳状函数的卷积. 约束条件是 $\varPhi(\nu)$ 必须只占据区间 $-1/(2a)$ 到 $1/(2a)$. 换句话说, 根据采样定理, $1/a$ 是函数 $F(t)$ 中最高频率的两倍.

2.6　混叠

在采样定理中, 严格要求信号不含有高于折叠频率的功率. 如果有, 这种能量将被 "折叠" 回频谱中, 并将体现在一个较低的频率中. 如果频率是 $\nu_f + \nu_a$, 那么在频谱中将在 $\nu_f - \nu_a$ 处体现. 如果它的频率是折叠频率的两倍, 那么它将显示为零频率. 例如, 以间隔 a, $2\pi + a$, $4\pi + a$, $\cdots$ 采样的正弦波, 将得到一组相同的样本. 实际上, 在频率和采样率之间有 "节拍". 在检查信号时, 总是有必要采取预防措施, 以确保给定的 "尖峰" 对应于视在频率. 这可以通过对输入信号进行有意地滤波来实现, 也可以通过在不同的采样频率下进行多次测量来实现. 前者是显而易见的方法, 但不一定是最好的: 如果信号是以脉冲的形式存在, 并且处于噪声环境中, 那么滤波会损失大量

的功率.

混叠可以有很好的用途. 如果频带从 ν_0 延伸到 ν_1，则 ν_0 和 0 之间的空频带可以划分为若干个相等的频率间隔，每个间隔小于 $2(\nu_1 - \nu_0)$. 采样间隔只需要为 $1/[2(\nu_1 - \nu_0)]$，而不是 $1/2\nu_1$. 这是一种解调信号的方法，并且恢复的频谱似乎占据了一次混叠，即使原始频谱可能有一个高得多的一次混叠，该过程如图 2.8 所示.

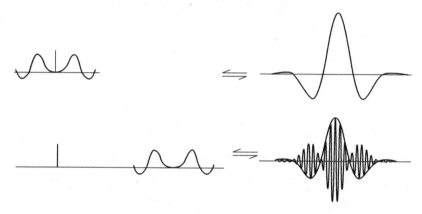

图 2.8 在频率空间中占据基频高混叠的信号，通过故意欠采样或"解调"来恢复

2.6.1 插值定理

这也来自 Whittaker 的插值函数理论. 如果记录了信号样本，那么可以计算样本点之间的信号值. 信号的频谱可视为周期函数与宽度为 $2\nu_f$ 的帽顶函数的乘积. 在信号中，每个样本被 sinc- 函数与相应 δ- 函数的卷积所代替. 每个样本 $a_n\delta(t - t_n)$ 均被 sinc- 函数 $a_n\mathrm{sinc}(\pi\nu_f)$ 替换，每个 sinc- 函数在所有其他样本的位置上均为零（当然，这不是巧合），这样就可以根据样本的知识重构信号，傅里叶级数的系数构成了它的频谱.

这在实际物理中得到了广泛的应用，在实际物理中数据的数字记录是很常见的，通常一个点上的信号可以通过任意一侧 20 个或 30 个样本的 sinc- 函数的和来很好地恢复. 其原因是，除非在某个遥远的点上样本有非常大的振幅，否则距离样本 30π 处的 sinc- 函数已经降到非常低以至于它在噪声中丢失. 这显然取决于实际细节, 例如原始数据中的信噪比, 更重要的是, 取决于在高于折叠频率的频率上没有任何功率.

正式地说, 信号 $F(t)$ 在时间 $0, t_0, 2t_0, 3t_0, 4t_0, 5t_0, \cdots$ 处采样, $F(t)$ 可以在任意中间点 t 通过下式计算:

$$F(nt_0 + t) = \sum_{m=-N}^{N} F\{(n+m)t_0\} \mathrm{sinc}[\pi(m - t/t_0)].$$

其中 N 理论上是无限的, 实际上是 $20 \sim 30$. 在数据流的末端附近不能准确地计算和, 并且在每一端有 N 样本的损失, 除非在那里取较少的样本.

2.6.2 相似定理

这是相当明显的: 如果你拉伸 $F(x)$ 使它是原来的两倍宽, 那么 $\Phi(p)$ 将只有原来的一半宽, 但是是原来的两倍高. 正式地写为:

如果 $F(x) \rightleftharpoons \Phi(p)$, 那么 $F(ax) \rightleftharpoons |1/a| \Phi(p/a)$.

证明较为琐碎的, 它是通过替换 $x = ay$, $\mathrm{d}x = a\mathrm{d}y$; $p = z/a$, $\mathrm{d}p = 1/a\mathrm{d}z$ 来完成的. 因为积分在 $-\infty$ 和 $+\infty$ 之间, 积分的变量是"虚拟"变量, 所以可以用尚未使用的任何其他符号代替.

2.7 工作实例

2.7.1 使用帕塞瓦尔定理 (Parseval's theorem) 的算术结果

使用帕塞瓦尔定理, 第1章中使用的锯齿将出现一个有趣的结果. 如我们所见, n 次正弦系数是 $(-1)^{n+1} 2h/(n\pi)$. 平方和的无穷大是

$$\sum_{n=1}^{+\infty} \frac{4h^2}{\pi^2 n^2} = \frac{2}{P} \int_{-P/2}^{P/2} \left[\frac{2hx}{P}\right]^2 \mathrm{d}x$$

$$= \frac{8h^2}{P^3} \left[\frac{x^3}{3}\right]_{-P/2}^{P/2}$$

$$= \frac{2h^2}{3} = \frac{4h^2}{\pi^2} \sum_{n=1}^{+\infty} \frac{1}{n^2},$$

所以最终有

$$\sum_{n=1}^{+\infty} \frac{1}{n^2} = \frac{\pi^2}{6}.$$

这是一个纯解析计算得出算术结果的例子. 作为计算 π 的一种方法，它不是很有效：在一百万项之后，它只精确到六个有效数字（3.14159）. 利用 $\pi = 6\sin^{-1}(1/2)$ 这个结论，arcsin 通过逐项积分 $1/\sqrt{1-x^2}$ 得到，效率更高.

2.7.2　交替脉冲高度

在一个矩形波中，脉冲长度为 $a/4$ 并由长度为 $a/4$ 的间隔隔开，交替矩形的高度是相邻矩形高度的两倍，二次谐波的振幅大于基波振幅.

波形可以表示为

$$F(t) = h\Pi_{a/4}(t) * \left[\text{Ш}_a(t) + \text{Ш}_{a/2}(t) \right],$$

傅里叶变换是

$$\Phi(\nu) = (ah/4)\operatorname{sinc}(\pi\nu a/4) \cdot \left[(1/a)\text{Ш}_{1/a}(\nu) + (2/a)\text{Ш}_{2/a}(\nu) \right],$$

狄拉克梳状函数的齿在 $\nu = 1/a$, $2/a$, …，高度分别为

$$(h/4)\operatorname{sinc}(\pi/4), (3h/4)\operatorname{sinc}(\pi/2), (h/4)\operatorname{sinc}(3\pi/4)\cdots$$

一次谐波和二次谐波的高度比为 $\sqrt{2}$:3.

在天文学或射电天文学中，使用实时傅里叶变换器搜索脉冲星时可以看到这种效应. 主脉冲之间的"间脉冲"在二次谐波中产生额外的功率，并且可以使其大于基波（见图 2.9）.

2.7.3　双锯齿波

这不能被看作两个等占空比⊖的矩形波的卷积，因为积分的作用是给出一个令人尴尬的无穷大. 相反，它是宽度为 a 的帽顶与另一个

⊖　"等占空比"一词来自无线电术语，它意味着信号为 0 的时间间隔等于信号非 0 的时间间隔.

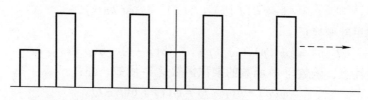

图 2.9 脉冲高度交替的方波. 傅里叶变换在二次谐波中的
功率比在基波中的功率大

相同的帽顶, 以及周期为 $2a$ 的狄拉克梳状函数的卷积. 因此

$$\Pi_a(t) * \Pi_a(t) * \text{III}_{2a}(t) \rightleftharpoons (a/2)\text{sinc}^2(\pi\nu a) \cdot \text{III}_{1/(2a)}(\nu)$$

振幅发生在 $\nu = 1/(2a)$, $1/a$, $3/(2a)$, $\cdots$ 处, 分别为 $2a/\pi^2$, 0, $2a/(9\pi^2)$, 0, $2a/(25\pi^2)$, $\cdots$

2.7.4 正弦波的卷积

考虑 x 的一个普通解析函数, 它服从狄利克雷条件, 既不是对称的, 也不是反对称的. 它与单位振幅和周期 $1/r$ 的余弦的写为

$$C(x) = f(x) * \cos(2\pi r x),$$

为了计算这个卷积, 首先将函数 $f(x)$ 分成对称和反对称两部分 (见图 2.10). 那么

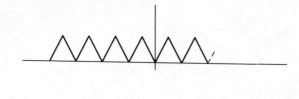

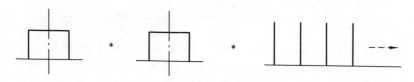

图 2.10 双锯齿波

$$C(x) = [f_s(x) + f_a(x)] * \cos(2\pi rx),$$

其傅里叶变换是

$$\Gamma(p) = [\phi_s(p) + i\varphi_a(p)] \cdot [\delta(p-r) + \delta(p+r)]/2.$$

注意，函数与 δ- 函数的乘积仍然是 δ- 函数，即：

$$\phi(p) \cdot \delta(p-r) = \phi(r) \cdot \delta(p-r),$$

因此

$$\Gamma(p) = \frac{1}{2}[\phi_s(r)\delta(p-r) + \phi_s(-r)\delta(p+r) +$$
$$i\phi_a(r)\delta(p-r) + i\phi_a(-r)\delta(p+r)],$$

并且由于 $\phi_s(r) = \phi_s(-r)$，$\phi_a(r) = -\phi_a(-r)$，有

$$\Gamma(p) = \frac{1}{2}\{\phi_s(r)[\delta(p-r) + \delta(p+r)] + i\phi_a(r)[\delta(p-r) - \delta(p+r)]\}.$$

变换回去，我们发现

$$C(x) = \phi_s(r)\cos(2\pi rx) + \phi_a(r)\sin(2\pi rx).$$

因此 $C(x)$ 是振幅为 $\sqrt{\phi_s(r)^2 + \phi_a(r)^2}$ 的正弦曲线，与原始正弦信号相比相移角 α，有

$$\alpha = \arctan[\varphi_a(r)/\varphi_s(r)].$$

在下一章中，当我们考虑迈克尔逊恒星干涉仪和 Van-Cittert-Zernike 定理时，这个结果（见图 2.11）非常重要.

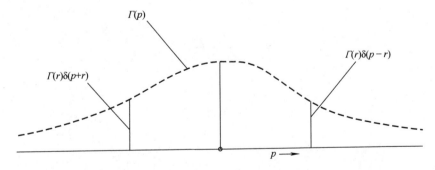

图 2.11 函数与正弦曲线的卷积. $\Gamma(p)$ 是 $f(x)$ 的傅里叶变换，
两个 δ- 函数是 $\cos(2\pi rx)$——另一个卷积项的傅里叶变换.
乘积是一对 δ- 函数，其高度由 $\Gamma(p)$ 的适当傅里叶分量调整

3

第 3 章

应用 1: 夫琅禾费衍射

3.1　夫琅禾费衍射

　　傅里叶理论在夫琅禾费衍射（Fraunhofer diffraction）问题和干涉现象中的应用，在 20 世纪 50 年代末以前几乎没有人认识到．因此只有在教科书中才提到这一技术．衍射理论，其中干涉只是衍射的一个特例，来自惠更斯原理（Huygens' principle）：来自一个源的波前上的每一点都可以看作一个二次源；所有这些二次源的所有波前合并和干涉形成新的波前．

　　使用微积分可以增加一些精度．在图 3.1 中，假设在 O 点有"强度"为 q 的源，在距离 O 长度为 r 的 A 点，有"电场强度" E，$E = q/r$．惠更斯原理如下：

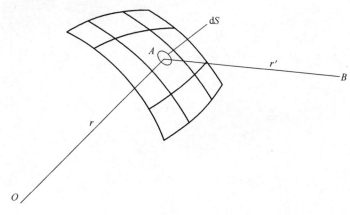

图 3.1　夫琅禾费衍射中的二次源

如果我们考虑表面 S 上的面积 dS，我们可以把它看作 EdS 的来源，在距离 A 点 r' 的 B 点，有场 $E' = qdS/(rr')$，所有这些在 B 点的基本场，在表面 S 上透明的部分的总和（每个场都有其相位）[−]，给出了 B 点的合成场，这是相当笼统而模糊的．

在基础夫琅禾费衍射理论中我们做了简化，我们假设如下：

1. 只需考虑二维场景．所有包围表面 S 透明部分的小孔都是矩形的，长度统一，垂直于图中的平面．

2. 与 r' 相比，孔径尺寸较小．

3. r 非常大，因此场 E 在 S 的透明部分的所有点上具有相同的大小，并且相位缓慢变化或恒定．（另一种说法是，平面波前从 $-\infty$ 处的源到达表面 S）

4. 孔和 S 位于同一平面内．

首先，假设源 O 位于一条垂直于表面 S（衍射光阑）的线上．使用笛卡儿坐标，x 轴在 S 平面上，z 垂直于 S（x 轴和 z 轴在这里是传统的，见图 3.2）．然后可以计算 P 处的场 E 的大小．

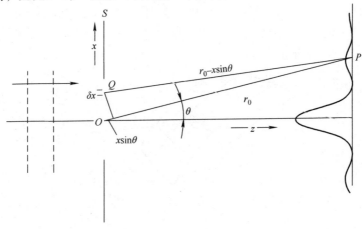

图 3.2　平面孔的夫琅禾费衍射

[−]　记住：相变 $= (2\pi/\lambda) \times$ 路径变化，从表面 S（作为一个波前，它是一个相位恒定的表面）到不同 B 点的路径都是不同的．

考虑一个在 Q 处的无限小的一条，具有垂直于 x，z 平面的单位长度，宽度为 dx，在 z 轴以上距离 x 处. 使此处的场强[一]为 $E = E_0 e^{2\pi i\nu t}$. 那么这个源在 P 处的场强为

$$d\overline{E}(P) = E_0 e^{2\pi i\nu t} e^{-2\pi i r'/\lambda} dx.$$

其中 r' 是 QP 的间距. 最后一个因子中的指数是 Q 和 P 之间的相位差.

为了方便起见，选择一个时间点 t，使波前的相位在平面 S 处为零，即 $t = 0$. 那么在 P 点有

$$\overline{E}(P) = \int_{孔 S} E_0 e^{-2\pi i r'/\lambda} dx$$

并且孔 S 可以有不透明的斑点或部分透明的斑点，这样 E_0 通常是 x 的函数.

这还不是一个常用的表达方式，

现在，因为 $r' \gg x$（夫琅禾费衍射的条件），我们可以写为

$$r' \approx r_0 - x\sin\theta,$$

那么，P 处的场 $\overline{E}$ 是通过求二次源（例如 Q）的所有无穷小贡献之和得到的，记住要包括每个二次源的相位因子. 结果是

$$\overline{E} = E_0 e^{-2\pi i r_0/\lambda} \int_{孔} e^{2\pi i x \cdot \sin\theta/\lambda} dx$$

如果我们代入 $\sin\theta/\lambda = p$，则有：

$$\overline{E} = E_0 e^{-2\pi i r_0/\lambda} \int_{-\infty}^{+\infty} A(x) e^{2\pi i px} dx$$

其中 $A(x)$ 是描述 S 的透明和不透明部分的"孔径函数". 傅里叶变换的结果是给出通过 θ 角衍射的振幅. 它出现在屏幕上的位置取决于与屏幕的距离、屏幕是否垂直于 z 轴以及其他几何因素.[一]

重要的是要记住：某个波长在某个光阑的衍射总是通过一个角

[一] 像往常一样，我们用复变量来表示实数量——在这种情况下是电场强度. 这个复变量被称为"解析"信号，它的实部表示任何时间、任何地点的实际物理量.

[一] 这都是一个近似值：事实上，衍射光阑外的光场并不完全为零，实际上取决于屏幕的不透明部分是导电的还是绝缘的，以及通过的光的偏振方向. 这些都是可以放心留给研究生的微妙之处.

度：变量 p 是 $\sin\theta/\lambda$，与 x 共轭，θ 才是关键. 衍射理论本身并没有说明图案的大小：这取决于几何结构.

在实践中，衍射光阑后常常是一个透镜，并且可以在这个透镜的焦平面上观察到图案. $r' = r_0 - x\sin\theta$ 的近似现在是精确的，因为从衍射光阑看焦平面的像是无穷远的.

因此，夫琅禾费衍射的问题可以归结为记下孔径函数 $A(x)$ 并进行傅里叶变换. 结果给出了离光阑较远的屏幕上衍射图样的振幅. 例如，对于宽度为 a 的简单平行边狭缝，孔径函数 $A(x)$ 为 $\Pi_a(x)$. 对于宽度为 a 的两个平行边狭缝，其中心间距为 b，有 $A(x) = \Pi_a(x) * [\delta(x - b/2) + \delta(x + b/2)]$，依此类推. 不同尺寸的光阑现在被相同的公式所包围，以 0 角通过光阑衍射的光（或声波，或无线电波或水波）的振幅可以计算出来. 波的强度由振幅的均方根值（r.m.s.）值乘以它的复共轭给出，这样做时，因子 $e^{2\pi i r_0/\lambda}$ 消失.

如果原始震源不在 z 轴上，则 $z = 0$ 处 E 的振幅包含相位因子，如图 3.3 所示.

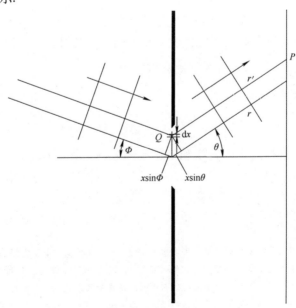

图 3.3　从不在 z 轴上的光源斜入射

$W-W'$是一个波前（一个恒定相位的表面），如果我们选择一个时刻，当相位在原点为零时，x 在该时刻的相位由 $(2\pi/\lambda)x\cdot\sin\phi$ 给出，必须乘以 E_0 的相位因子是 $e^{(-2\pi/\lambda)x\cdot\sin\phi}$.

那么 P 点的振幅为

$$\overline{E} = E_0 e^{2\pi i r_0/\lambda}\int_{-\infty}^{+\infty}A(x)e^{(-2\pi i/\lambda)x(\sin\theta+\sin\phi)}\mathrm{d}x$$

当进行傅里叶变换时，记住 $p=(\sin\theta+\sin\phi)/\lambda$ 来计算斜入射.

3.2　示例

3.2.1　单缝衍射，正入射

对于宽度为 a 的平行边单缝，孔径函数为 $A(x)=\Pi_a(x)$. 那么
$$\overline{E}=k\cdot\mathrm{sinc}(\pi ap)=k\cdot\mathrm{sinc}(\pi a\sin\theta/\lambda),$$
（其中 k 是常数[⊖]$E_0 a e^{-2\pi i r_0/\lambda}$），强度是它乘以其复共轭：
$$\overline{EE^*}=I(\theta)=|k|^2\cdot\mathrm{sinc}^2(\pi a\sin\theta/\lambda)\tag{3.1}$$
如图 3.4 所示.

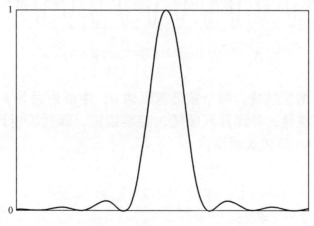

图 3.4　单缝衍射的强度图样 $\mathrm{sinc}^2(\pi a\sin\theta/\lambda)$

⊖　在大多数实际情况下是不重要的常数.

3.2.2 ±b/2 处的两点源（例如从同一振荡器同相发射的两个天线）

我们有

$$A(x) = \delta(x - b/2) + \delta(x + b/2),$$

其傅里叶变换为［第 1 章，式（1.19）］

$$\overline{E} = 2k \cdot \cos(\pi b \sin\theta/\lambda),$$

强度是这个振幅乘以它的复共轭：

$$I(\theta) = 4|k|^2 \cdot \cos^2(\pi b \sin\theta/\lambda)$$

$$= 2|k|^2 [1 + \cos(2\pi b \sin\theta/\lambda)].$$

如图 3.5 所示.

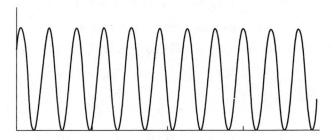

图 3.5　两个点源的干涉产生的强度模式

3.2.3 两个狭缝，每个狭缝宽度为 a，中心间距为 b（杨氏狭缝、菲涅耳双棱镜、劳埃德镜、瑞利折射计、Billet 分体式透镜）

我们有

$$A(x) = \Pi_a(x) * [\delta(x - b/2) + \delta(x + b/2)],$$

那么应用卷积定理有：

$$I(\theta) = 4k^2 \cdot \mathrm{sinc}^2(\pi a \sin\theta/\lambda)\cos^2(\pi b \sin\theta/\lambda),$$

如图 3.6 所示.

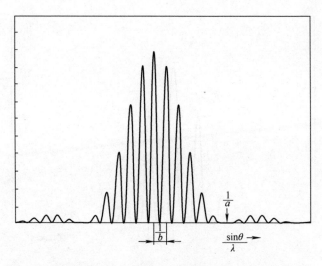

图 3.6　两个宽度为 a，间距为 b 的狭缝干涉产生的强度图样

3.2.4　三个平行狭缝，每个狭缝的宽度为 a，中心间距为 b

为了简化代数，代入 $\sin\theta/\lambda = p$：

$$A(x) = \Pi_a(x) * [\delta(x - b) + \delta(x) + \delta(x + b)],$$

$$\overline{A}(p) = k\,\mathrm{sinc}(\pi pa)[e^{2\pi ibp} + 1 + e^{-2\pi ibp}]$$

$$= k\,\mathrm{sinc}(\pi pa)[2\cos(2\pi bp) + 1]$$

在 θ 角处衍射的强度为

$$I(p) = k^2\sin c^2(\pi pa)[2\cos(4\pi bp) + 4\cos(2\pi bp) + 3]$$

$$= k^2\sin c^2(\pi a\sin\theta/\lambda)[2\cos(4\pi b\sin\theta/\lambda) + 4\cos(2\pi b\sin\theta/\lambda) + 3]$$

如图 3.7 所示.

3.2.5　透射衍射光栅

有两种明显的方法来表示孔径函数. 在任何一种情况下，我们都假设有 N 个狭缝，每个狭缝的宽度为 ω，每个狭缝与相邻的狭缝之间用光栅常数 a 隔开，N 是一个大数（$10^4 \sim 10^5$）.

由于 $A(x) = \Pi_\omega(x) * \text{Ш}_a(x)$ 表示无限宽的光栅，可以通过将其

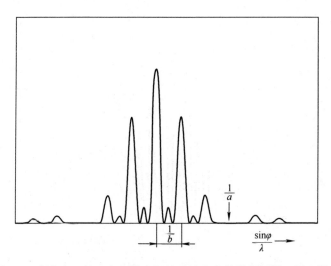

图 3.7　宽度为 a 的三个狭缝之间的干涉产生的强度图样，用 b 隔开

乘以 $\varPi_{Na}(x)$ 来限制其宽度，因此孔径函数为

$$A(x) = \varPi_{Na}(x) \cdot [\varPi_{\omega}(x) * \varderm_a(x)]$$

那么衍射振幅为

$$\overline{E}(\theta) = Na \cdot \mathrm{sinc}(\pi Na\sin\theta/\lambda) * [\omega \cdot \mathrm{sinc}(\pi\omega\sin\theta/\lambda) \cdot (1/a)\varderm_{1/a}(\sin\theta/\lambda)]$$

$$= N\omega \cdot \mathrm{sinc}(\pi Na\sin\theta/\lambda) * [\mathrm{sinc}(\pi\omega\sin\theta/\lambda) \cdot \varderm_{1/a}(\sin\theta/\lambda)]$$

（注意：卷积是关于 $\sin\theta/\lambda$ 的）

　　这里的图表很有用（见图 3.8），第二个因子（方括号中）是狄拉克梳状函数和非常宽的（因为 ω 非常小） sinc- 函数的乘积；这个因子与第一个因子（非常窄的 sinc- 函数）的卷积表示整个光栅所有的光阑产生的衍射。由于在到达狄拉克梳状函数的下一个齿时窄 sinc- 函数变得不重要，因此强度分布是这个非常窄的线轮廓 $\mathrm{sinc}^2(\pi Na\sin\theta/\lambda)$，在每个齿位上再生时其强度降低了因子 $\mathrm{sinc}^2(\pi\omega a\sin\theta/\lambda)$.

　　这并不精确，但对于所有实际用途来说都足够接近. 更精确和讲究地说，如旧的光学教科书中所描述的，孔径函数是

$$A(x) = \sum_{n=0}^{N-1} \delta(x - na) * \varPi_{\omega}(x),$$

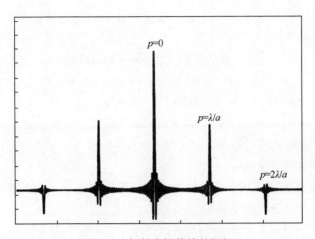

图3.8 衍射光栅传输的振幅

并且由于 $\delta(x - na) \rightleftharpoons e^{2\pi inpa}$，衍射振幅为

$$\overline{E}(\theta) = k \cdot \mathrm{sinc}(\pi\omega p) \sum_{n=0}^{N-1} e^{2\pi inpa},$$

其中 $k = \omega \cdot E_0 e^{-2\pi ir_0/\lambda}$. 方程中的第三个因子是公比 $e^{2\pi ipa}$ 的几何级数之和，经过几次代数运算后，方程变成

$$\overline{E}(\theta) = k \cdot \mathrm{sinc}(\pi\omega p) e^{\pi i(N-1)pa} \sin(\pi Npa)/\sin(\pi pa),$$

通常 $p = \sin\theta/\lambda$.

强度由 $\overline{E}(\theta)\overline{E}(\theta)^*$ 给出. 指数因子连同它的复共轭一起消失，如果我们记 E_0^2 为 I_0，则强度分布为

$$I(\theta) = I_0 \cdot \left(\frac{\sin(\pi Npa)}{\sin(\pi pa)}\right)^2 \mathrm{sinc}^2(\pi\omega p), \tag{3.2}$$

如果 N 很大，那么第一个因子与 sinc^2-函数非常相似，特别是在原点附近有 $\sin(\pi pa) \simeq \pi pa$，即使是精确的，它也不会比先前近似推导得到更多的关于衍射图案的细节信息. 无论哪种方式，第一个括号中的因子给出了有关线条形状和要获得的分辨率的详细信息，第三个因子——宽的 sinc^2-函数，给出了图案中各种衍射极大值的强度的有关信息.

特别地，如果波长 λ 的最大值落在与其相邻波长 $\lambda + \delta\lambda$ 的第一个

零点相同的衍射角 θ 处（光栅光谱仪中分辨率的通常标准），则可以比较 p 的两个值：

$$\text{对于最大值的 } \lambda, \quad \sin\theta \sim \theta = m\lambda/a;$$

$$\text{对于第一个零点处的 } \lambda, \quad \theta = m\lambda/a + \lambda/(Na),$$

与 $\lambda + \delta\lambda$ 的最大角度相同，即 $m(\lambda + \delta\lambda)/a$，其中

$$\delta\lambda = \lambda/(mN)$$

给出了光栅的理论分辨率.

有两点值得注意：

1. 没有人指望从光栅上获得完整的理论分辨率. 在实践中，制造缺陷可使其降低到理论值的 70% 左右.

2. 尽管这是两个波长仍然可以产生单独图像的最近间距，但是如果已知组合形状，则可以分离间距更近的波长. 如果需要，反卷积过程可以用来提高分辨率，虽然改进程度可能会令人失望.

图 3.9 中的 sinc^2- 函数表示单色谱线衍射图像附近的辐射强度. 虽然衍射强度只与一个维度 θ 有关，但实际上，透镜或反射镜会将来自光栅的所有辐射以该角度 θ 聚焦到其焦面上，也是 CCD 或其他光敏探测器所在的位置.

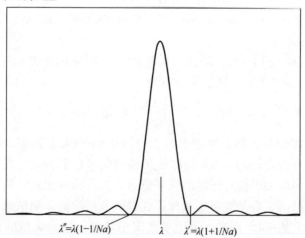

图 3.9　光栅光谱线的形状. 剖面的形式为 $\text{sinc}^2(\pi Nap)$

　　图像中的强度分布将是振幅分布的平方模，在这种情况下是 sinc^2- 函数，其宽度[⊖]由光栅的宽度 Na 决定.

　　根据sinc^2- 函数的性质，λ'和λ''处的最小值在波长差 $\pm 1/(Na)$ 处.

　　通过用掩模覆盖光栅，可以对光栅传输（或反射）的辐射振幅做一些有趣的事情. 例如，菱形掩模（见图 3.10）将孔径函数从 $\Pi_a(x)$ 更改为 $\Lambda_a(x)$，然后对孔径函数进行傅里叶变换.

$$\overline{E}(\theta) = k \cdot \text{sinc}^2(\pi(Na/2)\sin\theta/\lambda) * \left[\text{sinc}(\pi\omega\sin\theta/\lambda) \cdot (1/a)\text{III}_{1/a}(\sin\theta/\lambda)\right].$$

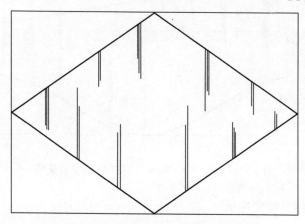

图 3.10　带有菱形变迹掩模的衍射光栅

　　单色线的图像形状改变. 它不是 $\text{sinc}^2\left[\pi Na(\sin\theta/\lambda)\right]$，而是 $\text{sinc}^4\left[\pi(Na/2)(\sin\theta/\lambda)\right]$. sinc^4 函数的宽度几乎是sinc^2 函数的两倍，光的峰值强度降低了 4 倍，但"旁瓣"的强度从主峰强度的 1.6×10^{-3} 降低到 2.56×10^{-6}. 如果要识别微弱的卫星谱线，那么这种减少是很重要的——例如在精细结构或拉曼散射线的研究中，卫星强度等于或小于母体的 10^{-6}. 这一过程被广泛应用于光学和射电天文学，被称为"变迹"（Apodizing）.[⊖]

　　通过掩蔽光栅，有更微妙的方式来降低旁瓣强度. 例如，如

⊖　这里的"宽度"是指谱线半最大强度处的全宽，通常用"半高宽"表示.

⊖　Apodizing 源自希腊语"无脚"，意指"旁瓣"或"副叶"缩小或切除.

图 3.11 所示的掩模允许传输的振幅根据以下条件在孔径上正弦变化：

$$\Pi_{Na}(x)\big[A + B\cos(2\pi x/(Na))\big],$$

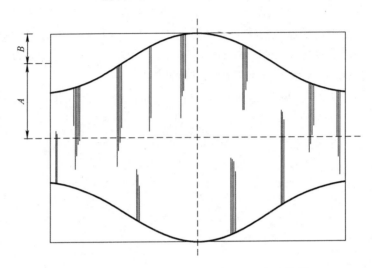

图 3.11　光栅的 $A + B\cos(2\pi x/(Na))$ 变迹掩模

它的傅里叶变换是

$$\overline{E}(\theta) = Na\,\mathrm{sinc}(\pi pNa) * \{A\delta(p) + (B/2)\big[\delta(p - 1/(Na)) + \delta(p + 1/(Na))\big]\}.$$

适当地置换后这是三个 sinc- 函数的和，图 3.12 说明了效果.

　　甚至更复杂的掩蔽也是可能的. 通常情况下，旁瓣的能量会根据所面临的特定问题重新分配. 例如，较近的旁瓣几乎可以被完全抑制，功率被吸收到主峰或被推出到线路的"翅膀"中. A 和 B 的最佳值为 $A = 0.35H$ 和 $B = 0.15H$，其中 H 是格栅的长度（而不是宽度）.

3.2.6　相位变化而非振幅变化的光阑

　　孔径函数可能（实际上必须）由有限尺寸的掩模边缘限定，这样作为 x 的函数改变相位就是可能的，例如引入折射元件. 棱镜或透镜可以做到这一点.

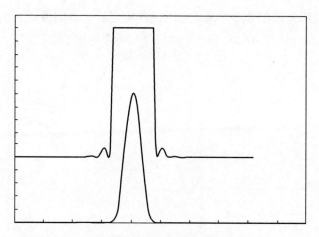

图 3.12 正弦变迹掩模光栅谱线的强度分布. 上曲线
是下曲线乘以 1000 表示次极大值的低水平

3.2.7 棱镜光阑处的衍射

因为"光学"路径是几何路径的 n 倍, 光在折射率为 n 的介质中通过距离 x 时, 与在空气或真空中相同长度的路径相比, 会引入额外的"路径" $(n-1)x$, 因此存在相变 $(2\pi/\lambda)(n-1)x$.

因此存在相位变化 (见图 3.13) 而不是直接穿过光阑传输, 因此孔径函数是复杂的. 如果棱镜角度为 ϕ, 光阑宽度为 a, 那么棱镜底部的厚度为 $\tan\phi$, 当来自 $-\infty$ 的平行波前穿过棱镜时, 棱镜顶部和底部的相位为 0 和 $(2\pi/\lambda)(n-1)a\tan\phi$.

然而, 我们可以选择在光阑中心的相位为零, 这通常是一个好主意, 因为它节省了以后不必要的代数运算.

则光阑中任意点 x 的相位为 $\zeta(x) = (2\pi\mathrm{i}/\lambda)x(n-1)\tan\phi$, 描述惠更斯小波的孔径函数为

$$A(x) = \Pi_a(x)\mathrm{e}^{(2\pi\mathrm{i}/\lambda)x(n-1)\tan\phi},$$

通常 $p = \sin\theta/\lambda$, 其傅里叶变换为

$$\overline{E}(\theta) = A\int_{-a/2}^{a/2}\mathrm{e}^{(2\pi\mathrm{i}/\lambda)x(n-1)\tan\phi}\mathrm{e}^{2\pi\mathrm{i}px}\mathrm{d}x,$$

因此，在积分振幅分布并乘以它的复共轭之后，我们得到

$$I(\theta) = A^2 a^2 \operatorname{sinc}^2 \{ a\pi [p + (n - 1) \tan\phi / \lambda] \}.$$

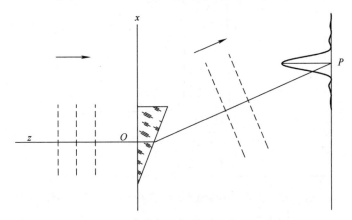

图 3.13　带棱镜的单缝孔径及其位移衍射图样

注意，如果 $n = 1$，我们的表达式与式（3.1）中的表达式相同. 这里我们看到衍射函数的形状是相同的，但是主极大值移向方向 $p = \sin\theta / \lambda = - (n - 1) \tan\phi / \lambda$，或者移向衍射角 $\theta = \arcsin [(n - 1) \tan\phi]$. 当 θ 和 ϕ 很小时，这就是基本几何光学所期望的.

3.2.8　闪耀衍射光栅

这只是描述由光栅产生的衍射的一小步，光栅由平行棱镜组成，而不是交替的不透明和透明条. 这种结构有两个优点，首先，光圈是完全透明的，没有光丢失；其次，棱镜排列意味着，对于至少一个波长，所有入射光被衍射成一级光谱.

和以前一样，孔径函数是单个狭缝与狄拉克梳状函数的卷积，整体乘以代表光栅整个宽度的宽 $\Pi_{Na}(x)$.

衍射强度则是与上述相同的移位 sinc^2- 函数，但乘以狄拉克梳状函数与窄 sinc- 函数的卷积，即 $\Pi_{Na}(x)$ 的傅里叶对，它表示单独一条谱线的形状. 这有一个区别，因为一个狭缝产生的宽 sinc- 函数的宽度与狄拉克梳状函数的齿间距相同. 这个宽 sinc- 函数的零点被相应地调

整，并且对于一个波长，衍射的一阶下降到它的最大值，而所有其他阶下降到它的零点. 对于这个波长，所有透射光被衍射成一级. 对于相邻波长效率同样高，一般来说对于该波长的 2/3 到 3/2 之间的波长仍然有效.

这是光栅的"闪耀波长"，相应的角度 θ 是"闪耀角".

反射光栅由铝表面上的刻线制成，刻线尖端为菱形，与铝表面成一定角度，以便产生一系列细长的反射镜，每个刻线对应一个反射镜. 该角度是光栅将具有的"闪耀角"，类似的分析很容易表明穿过一条狭缝的相位变化是 $(2\pi/\lambda)2a\tan\beta$，其中 β 是"闪耀角"，a 是一条刻线的宽度（以及相邻刻线的间距）. 在实际应用中，光栅通常与垂直或接近垂直入射到刻面上的光一起使用，即与光栅表面成 β 入射角. 然后，一个格栅的相位变化为零，但相邻格栅的反射之间有延迟 $(2\pi/\lambda)2a\sin\theta$. 如果相变等于 2π，那么衍射图样中存在一个主极大值.

透射光栅通常是闪耀光栅，一般在本科教学实验室可以看到，其效果可以很容易地通过举起它看荧光灯看到. 不同颜色的衍射图像一边比另一边亮得多.

3.3　巴比内原理

这是夫琅禾费衍射理论的一个被忽视但有用的推论. 它说，实际上任何光阑的夫琅禾费衍射图样与相同大小和形状的障碍物的夫琅禾费衍射图样相同. 换言之，如果取下屏幕，将与屏幕光阑形状相同的不透明物体放在同一个位置，将看到相同的衍射图案. 原因很简单：如果没有屏蔽，以 θ 角散射的振幅为零. 如果有一个带有光阑的屏，那么存在（复）散射振幅 $A(\theta)$. 因此，如果屏幕被移除，将被添加振幅 $-A(\theta)$ 以抵消前一个. 这个振幅一定来自屏幕的阻挡的部分，如果它本身是衍射的，那么它有振幅 $-A(\theta)$ 和强度 AA^*——换句话说，与原始光阑的振幅和强度相同.

[巴比内原理（Babinet's principle）在轴上失效，即在零衍射角

下会失效. 为什么会这样?]

它的最初是实际应用在杨氏测微仪上,这是一种测量血细胞大小的装置. 在现代,它的应用是在核物理中. 夫琅禾费衍射理论并不局限于光或电磁辐射,也适用于声音或任何其他类型的波动. 我们对电子的衍射已经有了很好的理解. 通过微分散射振幅,电子束、中子束或离子束的德布罗意波可以从特定种类的原子核中散射出来,从而给出有关散射中心形状和结构的信息.

3.4 偶极子阵列

衍射光栅和等间距偶极子天线的线性阵列有明显的相似性. 衍射光栅反射或传输相干的平面波前,偶极子阵列实际上是相干点源的阵列,它由普通的射频振荡器通过适当匹配的传输线(传输速度相当于光速的 1/10 到 3/4,取决于线的类型、介电常数等)供电,至少与阵列相距很远.

有一些差异使得天线阵很有趣. 这些主要是由于单个偶极子的间距是可变的,并且可以在单个天线的馈源中引入相位延迟. 我们可以用对应于光学中孔径函数的 III- 函数(shah- 函数)来表示天线阵列:

$$A(x) = III_a(x) \Pi_{Na}(x).$$

其中 N 是阵列中偶极子的数量,a 是间距.

输出光束振幅是以下傅里叶变换:

$$\overline{A}(p) = \frac{1}{a} III_a(x) * \text{sinc}(xN\pi pa).$$

其中 p 与前面一样是 $\sin\theta/\lambda$,窄 sinc- 函数决定了透射光束的宽度.

现在有机会用不同的偶极子排列进行实验——至少在纸上是这样——来计算它们的行为. 我们比分光镜学家有优势,可以改变偶极子的相位. 例如,III- 函数 $III_a(x)$ 可以写成两个 III 函数的和,每个 III- 函数的间距为原来的两倍,且其中一个函数侧向位移了距离 a:

$$A(x) = \left[III_{2a}(x) + III_{2a}(x) * \delta(x-a) \right] \cdot \Pi_a(Nx).$$

但是现在我们可以在阵列的其他成员中引入相移 ϕ,这样孔径函数看

起来像

$$A(x) = \left[Ш_{2a}(x) e^{i\phi} + Ш_{2a}(x) * \delta(x-a) \right] \cdot \Pi_a(Nx),$$

我们可以试试各种 ϕ 值，观察会发生什么.

输出光束振幅为

$$\overline{A}(p) = \left[\frac{1}{2a} Ш_{1/(2a)}(p) e^{i\phi} + \frac{1}{(2a)} Ш_{1/(2a)}(p) e^{2\pi ipa} \right] * \mathrm{sinc}(N\pi pa)$$

$$= \frac{1}{(2a)} Ш_{1/(2a)}(p) \left[e^{i\phi} + e^{2\pi ipa} \right] * \mathrm{sinc}(N\pi pa),$$

在这一点上，我们为 a 和 δ 输入了一些有趣的值.

3.4.1　$a = \lambda$ 和 $\phi = \pi$

使 $a = \lambda$ 所以偶极子之间只有一个波长的距离：

$$\overline{A}(\theta) = 2\lambda Ш_{1/(2\lambda)}(\sin\theta/\lambda) \left[e^{i\phi} + e^{2\pi i \sin\theta} \right] * \mathrm{sinc}(N\pi) \sin\theta$$

如果 $\phi = \pi$，那么偶极子同相交替.

Ш- 函数告诉我们，（辐射的）Dirac 梳状函数在 $\sin\theta = 1/2$ 处，即 $\theta = 30°$ 处有一个"齿". 在方括号中，$e^{i\phi}$ 和 $e^{2\pi i}$ 都等于 -1，因此功率将以该角度在阵列法线的两侧发射，波束宽度由 sinc- 函数控制，而 sinc- 函数又取决于阵列中偶极子的数量 N. 同样，在 $\theta = 150°$ 处也会有发射，$\sin\theta = 1/2$ 再次出现（正如我们所料，仅是基于对称性）.

3.4.2　$a = 1/\lambda$ 和 $\phi = \pi$

振幅函数现在为

$$\overline{A}(\theta) = \frac{1}{2\lambda} Ш_{1/\lambda}(\sin\theta/\lambda) \left[e^{i\phi} + e^{\pi i \sin\theta} \right] * \mathrm{sinc}(N/(2\pi)) \sin\theta.$$

这里的 Ш- 函数要求齿上 $\sin\theta = 1$，相位与方括号内一致. 发射沿偶极子线，束宽由 $\sin\theta = 2/N$ 决定.

这里有一个八木天线（Yagi aerial）是如何工作的提示，但它只不过是一个提示. 值得注意的是：尽管夫琅禾费衍射的基本思想可以指导天线的设计，并且确实允许对所谓的"侧边阵列"进行适当的计算，但在描述"端射"阵列时，或者"八木"天线（曾经用于雷达发射和电视接收的那种）时，存在相当大的复杂性. 横向阵列由若干个偶极子组成（每个偶极子由两个杆组成，沿同一条线排列，每个长 $\lambda/4$，中间施加交流电压），其行为类似于一排点辐射源，可以计算出与波长相比较大的距离处的振幅. 每个偶极子辐射的振幅和相对相位都可以控制⊖，这样辐射图形的形状和旁瓣的强度就可以得到控制.

另一方面，末端发射天线有一个由振荡器驱动的偶极子，依靠另一个"被动"偶极子的共振振荡来干涉辐射模式并将输出功率引导到一个方向上. 最近的光学模拟物可能是法布里-珀罗干涉仪（Fabry-Pérot étalon），或者干涉滤光片，实际上是同样的东西. 被动偶极子再辐射的相位取决于它是否真的有半个波长长，取决于它不完美的导电性，以及它周围任何鞘层的介电常数. 因此，天线设计往往基于经验、实验和计算，而不是严格的夫琅禾费理论. 例如，无源元件可以相隔 $\lambda/3$，并且它们的长度将沿天线方向逐渐变细，在受激偶极子的传输侧略短、反射侧较长. 由于有些元件形状奇特，有些是"折叠的"，有些是"蝙蝠翼的"，因此间距不均匀，有时间距呈对数或指数变化，如此这般.⊖这样的修改允许沿着一个可能只有几度宽的窄锥发射或接收更宽的辐射带. 天线设计是一门黑色艺术，一条充满经验主义的道路，有像圣诞树设计一样的怪异复杂性，也有专利侵权诉讼.

3.4.3　未完待续...

在这一点上，读者的好奇心可能会接受挑战. 例如，振幅函数可以分为三个或更多分量. 例如

$$A(x) = [\, Ш_{3a}(x)\,e^{i\phi_1} + Ш_{3a}(x)\,e^{i\phi_2} * \delta(x-a) +$$
$$Ш_{3a}(x)\,e^{i\phi_3} * \delta(x-2a)\,] \cdot \Pi_a(Nx)$$

这样每三个天线就有一个不同的相移.

到目前为止，我们已经考虑过齿间距均匀的狄拉克梳状函数. 探索不等间距 δ-函数梳的卷积代数敞开了大门，这些梳可以是对数的、算术的、指数的、斐波那契（Fibonacci）的等等，都有可能对上述的黑色艺术产生更深刻的见解.

⊖　这相当于光学中的变迹，但具有更大的灵活性.
⊖　套用冯内古特（Vonnegut）的话.

3.5　极坐标图

由于夫琅禾费理论的一个重要特征是衍射角，所以在极坐标图上绘制强度图有时更有用，特别是在天线理论中，图中 r 为强度（半径向量的长度），θ 为方位角. sinc^2-函数如图 3.14 所示. 有时会绘制强度的对数，以给出天线增益与角度的函数关系.

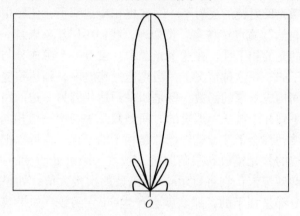

图 3.14　sinc^2-函数的极坐标图

3.6　相位和相干性

相干性是一个重要的概念，不仅在光学中，而且在比较振荡器时也是如此.

没有一种自然光源是完全单色的，而且周期和波长有时会有微小的变化. 当一个源的任何微小变化与另一个源的类似变化相匹配时，两个源被称为相干源，例如，如果一个源的波峰与另一个源的波谷在同一时刻到达给定点，然后在随后的所有时间里，波谷和波峰都会同时到达，两者之间总是有相消的干扰.

实际上，准单色光源中波长和相位的变化是缓慢的，如果波列被分开（例如分束器），那么一个波列将与另一个波列几乎相干，后者被延迟了几个波长，就像在干涉仪中发生的那样. 随着光程差的增大，通过移动一个干涉镜，条纹变得越来越不明显，如果光程差足够大，条纹就会消失. 我们已经达到了相干极限，可以参考波列的相干长度. 例如，在"允许的"（即偶极子）原子跃迁中，每个单独的波列具有几米的相干长度，对应于原子发光所用的时间. 在激光中，当发射的光与激发光同相时，相干长度可以是激光腔的100倍，这个长度取决于激光反射镜的反射率. 线宽也相应地窄了，比腔中气体发出的光的"自然"宽度窄得多. 类似地，我们可以想象来自一个遥远的扩展光源的光的相干性，在这个光源中，没有一个源成分与任何其他成分是相干的. 在这种情况下，当光通过狭缝时，到达狭缝一边的波列将和时间构成复杂的函数，但是如果到达狭缝另一边的路径都与第一组相差不到几个波长，那里的时间函数几乎与第一组相同，所有通过狭缝的波列都会干涉，就好像源是相干的一样. 你可以把一个开着几微米狭缝的分光镜放在眼睛附近，观察一个远处明亮的扩展光源，比如一个磨砂灯泡：它将显示$sinc^2$-函数的次极大值，如果灯泡中的所有源成分都是相干的，那么就会产生$sinc^2$-函数. 如果狭缝被缓慢打开，那么次极大值将挤入主极大值，并最终消失.

在这种情况下，我们将狭缝宽度称为光源的相干宽度——它是光源的特性，而不是用于观察光源的设备的特性. 如果在两个正交方向上进行实验，则可以测量光源的相干面积.

例如，在绿光（$\lambda = 550nm$）下，太阳的相干宽度约为$60\mu m$，狭缝上有一个窄带干涉滤光片（以避免损伤眼睛！）当狭缝打开到这个宽度时，可以看到熟悉的$sinc^2$图案. 当然，入射并通过同一狭缝衍射的平面单色波前在其衍射图样中会显示出一个与扩展源具有相同角宽的主极大值，这并非巧合.

另一方面，一颗恒星的相干宽度为许多米（也许几十米或几百米），而孔径间距为这种距离的杨氏狭缝干涉仪将显示干涉条纹，随着孔径间距的增加，条纹的可见度将缓慢下降. 迈克耳孙利用这种效应测量了几颗恒星的相干宽度和角直径.

3.7　条纹可见度

　　另一种描述相干性的方法是考虑复平面上的解析波矢量，对于绿光其解析波矢量的旋转频率约为 $6 \times 10^4\,\mathrm{Hz}$，但是对于两个相干源，解析波矢量之间的相位差将其刚性连接起来．如果我们放弃时间变化，矢量图如图 3.15 所示，得到的振幅就是分量的矢量和．如果两个源完全相干，振幅相等，相位相反，则合成振幅可能为零．否则，合成强度与该矢量长度的平方成正比．

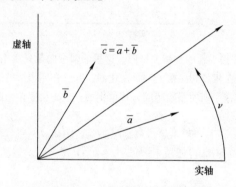

图 3.15　表示两个相干源的两个解析波矢量的矢量相加．所有三个矢量都以相同的频率 ν 旋转．这三个矢量用复数形式 $Ae^{2\pi i\nu t}$ 来描述，即所谓的"解析信号"，每个矢量的实部（即图中的水平分量）表示光波电场的瞬时值

　　如果源仅部分相干（见图 3.16），那么意味着振幅和相位角在与 2π 相比较小的角度上随机变化．来自这样一对光源的干涉条纹将在屏幕上显示为

$$I = I_1 + I_2 + 2\Gamma_{12}\sqrt{I_1 I_2}\cos\phi,$$

其中 Γ_{12} 称为相干度，相干因子或相干系数，Γ_{12} 总是 $\leqslant 1$．

　　通常，ϕ 是相位差，它随衍射图样上的不同位置而变化．

　　图样中的最大强度 $I_{\max}$ 位于 $\phi = 2n\pi$ 处，有 $I_{\max} = I_1 + I_2 + \Gamma_{12}$．最小强度为 $I_{\min} = I_1 + I_2 - \Gamma_{12}$，此时 $\phi = (2n+1)\pi$．

　　我们现在可以定义条纹图案的可见性 V：

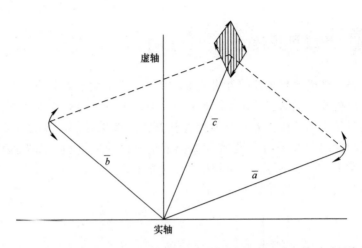

图 3.16　两个准相干源的解析矢量图. 这里的两个向量只在相位上随机变化. 然而, 合成矢量在相位和振幅上都是变化的, 并且在四边形的一般区域内随机漂移. 即使振幅相同, 相位相反, 也不会完全消除

$$V = (I_{\max} - I_{\min})/(I_{\max} + I_{\min}),$$

显然, 这两个辐射源的强度相等, $V = \Gamma_{12}$.

3.8　迈克耳孙恒星干涉仪

这基本上是一个超大的杨氏狭缝干涉仪. 光圈是安装在托架上的两个反射镜, 沿着固定在天文反射望远镜上端的光束运行, 它们将来自明亮恒星的光反射到固定在光束中心附近的两个以上的反射镜上, 这两个反射镜又将光定向到望远镜物镜, 从而定向到焦点. 在高倍放大时, 可以在目镜上看到干涉条纹, 叠加在恒星的衍射极限图像上. 大气湍流使图像移动并闪烁, 但条纹会随着恒星图像移动并保持可见. 条纹的可见度随着反射镜间距的增加而减小, 并可能在某个点降为零.

我们现在证明, 用反射镜间距的函数来度量的条纹可见度, 以及光源强度分布的模傅里叶变换

在图 3.17 中, 位于光轴上的强度为 $S(0)$ 的远距单色点光源将产

生条纹，并且强度将随时间呈正弦变化

$$I(\alpha) = S(0)\left[1 + \cos\left(\frac{2\pi}{\lambda}\omega\cos\alpha\right)\right],$$

其中 λ 是波长，ω 是狭缝间距，α 是描述条纹图案的角度变量．图形的周期为 λ/ω，并且取决于狭缝间距 ω．

当然，这是物理光学的标准结果．

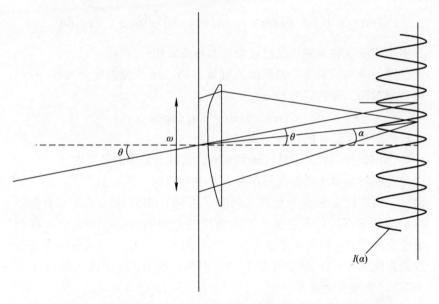

图 3.17 远场扩展源杨氏狭缝干涉术．从与光轴成角度 θ 的方向来的光源成分将产生由该角度 θ 位移的其自身的无穷小条纹图案．所有这些相互不相干的条纹图，都加上了它们的强度，形成了低能见度的合成条纹图

另一个这样的光源，位于与光轴成 θ 角的位置，类似地产生完美的⊖条纹，但在条纹图案上以相同的 θ 角侧向位移．这两个辐射源是不相干的，所以如果它们都存在，那么它们的强度就会相加．

相反，如果有一个强度变化为 $S(\theta)$ 的扩展远源，那么强度为 $S(\theta)\mathrm{d}\theta$ 的成分将在干涉仪中产生自己的无穷小条纹图，并横向移

⊖ 那是能见度 $V = 1$．

动 θ.

所有这些单独的条纹图样都必须相加，这样在 α 角处形成条纹图的合成强度将是

$$I(\alpha) = \int_{-\infty}^{+\infty} S(\theta)\,d\theta\Big[\,1 + \cos\Big(\frac{2\pi}{\lambda}\omega(\alpha - \theta)\Big)\Big]$$

上式可以拆分为

$$I(\alpha) = \int_{-\infty}^{+\infty} S(\theta)\,d\theta + \int_{-\infty}^{+\infty} S(\theta)\Big[\cos\Big(\frac{2\pi}{\lambda}\omega(\alpha - \theta)\Big)\Big]d\theta$$

其中小角度 α 和 θ 的正弦已被角度本身所取代.

第一项表示来自扩展源的总强度. 第二项是源强度分布 $S(\theta)$ 与余弦的卷积，我们写为 $C(\alpha)$，

$$C(\alpha) = S(\theta) * \cos(2\pi p\theta),$$

与变量 p 是 α 的共轭，为 ω/λ.

卷积积分，名义上从 $-\infty$ 到 $+\infty$，实际上是源的角宽度.

卷积的结果，正如我们在第 2 章中看到的，是周期为 $1/p$ 的正弦曲线，由波长 λ 和两个光圈之间的（可调）距离 ω 决定. 它有振幅 $A(p)$，即源强度分布变换中相应傅里叶分量的振幅.（请记住，在傅里叶变换中，α 的共轭变量为 p，且 $A(p) \rightleftharpoons S(\alpha)$.）合成条纹图的强度最大值为 $S + A$，最小值为 $S - A$，因此，作为 p 的函数（即 ω/λ 的函数），条纹可见度为

$$V = \frac{A(\omega/\lambda)}{S}, \tag{3.3}$$

$A(\omega/\lambda)$ 是 $S(\theta)$ 的傅里叶变换，如图 3.18 所示.

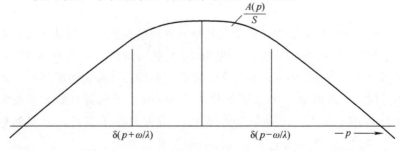

图 3.18　条纹可见度是 ω/λ 的函数

因此，条纹可见度随着 ω 的增加而降低．当测量恒星直径时，合理的假设是 $S(\theta)$ 是对称的，因此它的傅里叶变换是实的，且是对称的．

否则，$A(\omega/\lambda)$ 是模变换，例如，当观察一颗具有不等强度分量的双星时，但实际上这一点是学术性的，因为条纹图中的相移无论如何都会在大气扰动中丢失，简单地说，就是在 ω 的特定值下观察到的条纹的极小值或消失．例如，如果观察到一个具有两个相等分量的双星，$S(\theta)$ 将是一对 δ- 函数，作为 ω/λ 函数的条纹可见度将正弦地减小到零，然后在逆相位再次增大．零能见度下的 ω 值是可观测的，而相位反转则不可观测．

3.9　范西特-泽尼克定理

最初的迈克耳孙恒星干涉仪[一]由两个直径 150mm 的平面镜组成，它们的法线安装在威尔逊山天文台 10000 台胡克望远镜的光轴 45°处．为了改变 ω，它们可以在手推车上沿着固定在望远镜管顶部的 6m 长的梁移动，来自它们的光被引导到同样位于 45°处的两个固定的镜子上，从那里光被传递到望远镜物镜，从而到达焦点．因此，这些杨氏"狭缝"就是大梁上的两个可移动的镜子，它从一颗恒星或可能是一颗双星反射星光[二]．这一描述的要点是，两个光圈的方向可能已经改变．例如，如果恒星具有椭球形状，当光圈与恒星的短轴对齐时，相干宽度会更大．条纹可见度将测量特定分离和特定方向的相干性程度．一个被称为恒星"相干区"的形状，原则上可以被绘制出来，而范西特-泽尼克（Van-Cittert-Zernike）定理以其最粗糙的形式指出，条纹可见度，即相干度，作为 ω 和取向角 ξ 的函数，是天空上强度分布（是 α 和 ξ 的函数）的二维傅里叶变换．

因此，在最基本和最实用的形式中，范西特-泽尼克定理由上面的式（3.3）描述．

　⊖　A. A. 迈克耳孙和 F. G. 皮斯，天体物理学．J. 53（1921），249.

　⊖　事实上，它们起源于红巨星参宿四，也被称为 α- 猎户座．

　　这里不是完全严格推导和证明定理的地方，这个定理考虑了复杂的相干度（如条纹的相位偏移所示），它占据了 Born 和 Wolf 的《光学原理》[⊖]的两页．"相干区"的概念是重要的．它不是在太空中固定的（望远镜以地球的轨道速度和威尔逊山天文台的日旋转速度移动），而是通过两个光圈的分离来测量的．它是"可以观察到某种程度的连贯性的区域"．

　　换言之：如果在参宿四的远处有一个该直径的圆形相干单色光源，那么它在地球上的"艾里圆盘"直径大约为 6m．

⊖　M. Born 和 E. Wolf，《光学原理》，剑桥大学出版社，剑桥，第 7 版，1999 年，第 572-574 页．

4.1 通信频道

尽管通信理论中涉及的概念足够笼统,包括布什电报鼓、阿尔卑斯山的约德尔岭或船上的信号旗,但所谓的"通信信道"通常是指单一的导电体、波导管、光纤电缆或射频载波. 通信理论与信息理论有着相同的基础,信息理论讨论信息的"编码"(如莫尔斯电码,不要与加密混淆,加密是间谍的工作),以便有效地传输信息. 在这里,我们关注的是已经编码的信号或信息通过电流或无线电波的物理传输. 区别在于通信本质上是一个模拟过程,而信息编码本质上是数字的.

为便于论证,考虑一个导电体,沿着它发送一个变化的电流,足以在1欧姆(1Ω)的终端阻抗上产生一个电位差 $V(t)$.

该电位的平均水平或时间平均值用符号$\langle V(t) \rangle$表示,该符号由以下等式定义:

$$\langle V(t) \rangle = \frac{1}{2T} \int_{-T}^{T} V(t)\,\mathrm{d}t,$$

信号传递的功率每时每刻都在变化,它也有一个平均值:

$$\langle V^2(t) \rangle = \frac{1}{2T} \int_{-T}^{T} V^2(t)\,\mathrm{d}t,$$

为方便起见,信号用正弦函数表示,一般来说,正弦函数不符合第2章开头描述的狄利克雷条件之一:它们不是平方可积的:

$$\lim_{T \to +\infty} \int_{-T}^{T} V^2(t)\,\mathrm{d}t \to +\infty,$$

然而,在实际应用中,信号在有限时间内开始和结束,我们把信号看作

$V(t)$ 和一个非常宽的帽顶函数的乘积. 它的傅里叶变换（可以得到其频率成分）是真实的频率成分与 sinc 函数的卷积, sinc 函数非常窄, 在大多数情况下可以忽略. 我们因此假设当 $|t| > T$ 时, $V(t) \to 0$, 且

$$\int_{-\infty}^{+\infty} V^2(t)\,\mathrm{d}t = \int_{-T}^{T} V^2(t)\,\mathrm{d}t.$$

我们现在定义一个函数 $C(\nu)$, 使得 $C(\nu) \rightleftharpoons V(t)$, 瑞利定理给出

$$\int_{-\infty}^{+\infty} |C(\nu)|^2\,\mathrm{d}\nu = \int_{-\infty}^{+\infty} V^2(t)\,\mathrm{d}t = \int_{-T}^{T} V^2(t)\,\mathrm{d}t$$

信号中的平均功率水平为

$$\frac{1}{2T}\int_{-T}^{T} |V(t)|^2\,\mathrm{d}t$$

因为 $V^2(t)$ 是输入单位阻抗的功率, 那么

$$\frac{1}{2T}\int_{-T}^{T} |V(t)|^2\,\mathrm{d}t = \int_{-\infty}^{+\infty} \frac{|C(\nu)|^2}{2T}\,\mathrm{d}\nu$$

我们定义 $|C(\nu)|^2/(2T) = G(\nu)$ 是信号的谱功率密度（spectral power density, SPD）.

4.1.1 维纳-辛钦定理

定义 $V(t)$ 的自相关函数为

$$\lim_{T \to +\infty} \frac{1}{2T}\int_{-T}^{T} V(t)V(t+\tau)\,\mathrm{d}t = \langle V(t)V(t+\tau)\rangle,$$

左边的积分再次发散, 我们利用移位定理和帕塞瓦尔（Parseval）定理得到

$$\int_{-T}^{T} V(t)V(t+\tau)\,\mathrm{d}t = \int_{-\infty}^{+\infty} C^*(\nu)C(\nu)\mathrm{e}^{2\pi\mathrm{i}\nu\tau}\,\mathrm{d}\nu.$$

那么有

$$\frac{1}{2T}\int_{-T}^{T} V(t)V(t+\tau)\,\mathrm{d}t = \int_{-\infty}^{+\infty} \frac{|C(\nu)|^2}{2T}\mathrm{e}^{2\pi\mathrm{i}\nu\tau}\,\mathrm{d}\nu = R(\tau),$$

因此, 根据上述 $G(\nu)$ 的定义, 有

$$R(\tau) = \int_{-\infty}^{+\infty} G(\nu)\mathrm{e}^{2\pi\mathrm{i}\nu\tau}\,\mathrm{d}\nu,$$

最终有

$$R(\tau) \rightleftharpoons G(\nu).$$

换句话说

谱功率密度是信号自相关函数的傅里叶变换.

这就是维纳-辛钦定理.

4.2 噪声

这个术语最初是指信号电压的随机波动, 在早期的电话接收机中作为嘶嘶声被听到. 在没有调谐到发射频率的无线电接收机中仍然可以听到. 现在它是指任何随机波动的信号, 不携带任何信息. 如果它在所有频率上都具有相同的功率密度, 则称为白噪声.[一] 它的自相关函数总是零, 因为信号 $n(t)$ 在任何时候都是随机的, 既可能是负的, 也可能是正的. 唯一的例外是在 $\tau = 0$ 处延迟, 此处积分发散. 因此, 其自相关函数是 δ- 函数, 其傅里叶变换是 1, 符合维纳-辛钦定理和"白噪声"的定义.

实际上, 接收到的频带总是有限的, 所以噪声功率总是有限的. 还有其他类型的噪音, 例如:

1. 电阻器中的电子散粒噪声, 或"约翰逊噪声", 使其上的电压随机波动: $\langle V^2 \rangle = 4\pi R k T \Delta\nu$, 其中 $\Delta\nu$ 是带宽, R 是电阻, k 玻耳兹曼常数, T 是绝对温度.[二]

2. 光电散粒噪声, 与平均产生率相比, 它在较低频率下的计数率[三] 呈正态（高斯）分布, 更准确地说, 在采取等时采样时为泊松分布. 当光用于通信时, 这种噪声主要在光纤中遇到, 且只有当光很弱时才会遇到. 通常, 激光束每秒传送 10^{18} 个光子, 因此即使在 100 MHz 时, 也有 10^{10} 个光子/样品, 或 S/N 比为 $10^5 : 1$.

[一] 这是对"白色"的修饰用法, 它真正定义了一个粗糙的表面, 它反射了入射到它上面的所有辐射. 它被用来描述太阳发出的光的颜色, 或者, 更不令人信服的是, 用来描述具有恒定光谱功率密度的光, 其中所有波长（或频率, 随便你选）贡献相等的功率.

[二] 实践中 $\langle V^2 \rangle = 1.3 \times 10^{-10} (R\Delta\nu)^{1/2}$

[三] 可由速率计转换成时变电压.

3. 半导体噪声，它产生时变电压，光谱功率密度变化为 $1/\nu$，这就是为什么许多半导体辐射探测器最好在高频下使用"斩波器"来打开和关闭辐射. 通常存在一个最佳频率，因为短样本中的光子数可能小到足以将光子散粒噪声增加到半导体噪声的水平.

4.3 滤波器

我们所说的"滤波器"是指电阻抗，它取决于试图通过的信号电流的频率. 滤波器的确切结构为电阻、电容和电感的排列，这无关紧要. 重要的是滤波器对固定频率和单位振幅信号的影响. 滤波器可以做两件事：衰减振幅和改变相位，这就是它所做的，⊖其阻抗的频率相关性由它的滤波函数 $Z(\nu)$ 来描述. 其定义为输出电压与输入电压的比值，是频率的函数：

$$Z(\nu) = V_o/V_i = A(\nu)\,e^{i\phi(\nu)},$$

其中 V_i 和 V_o 是输入和输出电压的"解析"表示，包含相位和振幅. 阻抗是复的，因为 V_o 的振幅和相位可能不同于 V_i 的振幅和相位. 滤波器阻抗 Z 通常通过绘制相对于相移角径向的衰减（A）的极坐标图来表示，消除了作为变量的 ν，结果称为奈奎斯特图（Nyquist diagram）（见图 4.1）. 这与伺服机理论中用来描述反馈回路的数字相

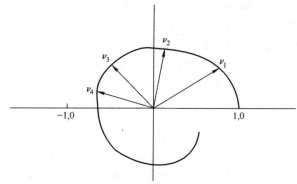

图 4.1　典型滤波器的奈奎斯特图

⊖　除非它是"有源的"，有源滤波器还可以做其他事情，比如将输入信号的频率加倍.

同，不同的是，在无源滤波器中，振幅 A 总是小于 1，因此不必担心包含点（-1, 0）的曲线，这是伺服机振荡的判据.

4.4 匹配滤波器定理

假设信号 $V(t)$ 具有频谱 $C(\nu)$ 和谱功率密度 $S(\nu) = |C(\nu)|^2/(2T)$. 从滤波器中产生的信号具有频谱 $C(\nu)Z(\nu)$，并且谱功率密度 $G(\nu)$ 由下式给出

$$G(\nu) = \frac{|C(\nu)Z(\nu)|^2}{2T},$$

如果有白噪声通过系统，谱功率密度为 $|N(\nu)|^2/(2T)$，那么总信号功率和噪声功率为

$$\frac{1}{2T}\int_{-\infty}^{+\infty} |C(\nu)Z(\nu)|^2 d\nu,$$

和

$$\frac{1}{2T}\int_{-\infty}^{+\infty} |N(\nu)Z(\nu)|^2 d\nu.$$

对于白噪声，$|N(\nu)|^2$ 是一个常数，等于 A，因此传输的噪声功率为

$$\frac{A}{2T}\int_{-\infty}^{+\infty} |Z(\nu)|^2 d\nu,$$

信号功率与噪声功率之比就是

$$(S/N)_{功率} = \int_{-\infty}^{+\infty} |C(\nu)Z(\nu)|^2 d\nu / A \int_{-\infty}^{+\infty} |Z(\nu)|^2 d\nu.$$

这里我们使用施瓦茨（Schwartz）不等式[○]

$$\left[\int_{-\infty}^{+\infty} |C(\nu)Z(\nu)|^2 d\nu\right] \leqslant \int_{-\infty}^{+\infty} |C(\nu)|^2 d\nu \int_{-\infty}^{+\infty} |Z(\nu)|^2 d\nu.$$

所以信噪比 S/N 总是 $\leqslant A\int_{-\infty}^{+\infty} |C(\nu)|^2 d\nu$，等号成立当且仅当 $C(\nu)$ 是 $Z(\nu)$ 的倍数. 因此

○ 例如，见 D. C. Champeney，《傅里叶变换及其物理应用》，学术出版社，纽约，1973 年，附录 F.

如果滤波器特征函数 $C(\nu)$ 与待接收信号的频率内容具有相同的
形状，那么信噪比 S/N 总是最大的.

这就是匹配滤波器定理. 也就是说，如果滤波器的传输函数与信号功率谱的形状相同，就可以得到最佳的信噪比.

它在空间和时间数据传输方面有着惊人的广泛应用. 无线电接收机的调谐电路就是一个明显的匹配滤波器的例子：它只通过那些包含方案中信息的频率，而拒绝其余的电磁频谱. 音调控制旋钮对声音输出和单色仪对光也有同样的作用. 天文学家[⊖]使用的"径向速度谱仪"是空间匹配滤波器的一个例子. 恒星光谱的负片被放置在摄谱仪的焦平面上，它的位置被横向调整到垂直于狭缝图像直到有最小的总透射光. 为此所需的遮罩的移动测量了恒星光谱上的视线速度产生的多普勒效应.

4.5 调制

当通信信道是无线电报信道［该术语包括从调制激光束到用于与水下潜艇通信的极低频（ELF）发射机的所有内容］时，通常由"载波"频率组成，其上叠加"调制". 如果没有调制信号，接收器上的电压会随时间的不同而变化

$$V(t) = V(\nu)\,\mathrm{e}^{2\pi\mathrm{i}(\nu_c t + \phi)}$$

式中，ν_c 是载波频率；可通过使 V，ν_c 或 ϕ 为时间的函数来进行调制.

• 调幅（见图 4.3）. 如果 V 随调制频率 ν_{mod} 而变化，那么 $V = A + B\cos(2\pi\nu_{mod}t)$，由此产生的频率分布将如图 4.2 所示，并且当传输从 $0 \rightarrow \nu_{max}$ 的各种调制频率时，频谱将占据从 $\nu_c - \nu_{max}$ 到 $\nu_c + \nu_{max}$ 的频谱频带. 如果信号中以低调制频率为主，则信道占用的频带将具有图 4.3 所示的外观，并且接收机中的滤波器也应具有此轮廓.

除非信号中存在非常低的频率，否则载波传输的功率将被浪费. 通过对发射机的输出进行滤波，可以降低发射机所需的功率，从而只

⊖ 尤其是 R. F. 格里芬. 见 R. F. 格里芬，天体物理学. J. 148（1967），465.

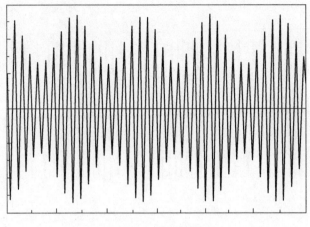

图 4.2　一种调幅载波

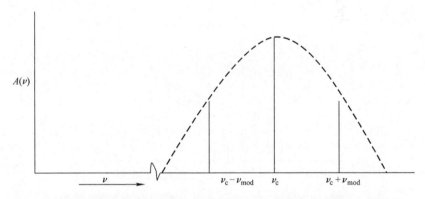

图 4.3　各种调制频率占据频谱的一个频带．时间函数是 $A + B\cos(2\pi\nu_{\mathrm{mod}}t)$，在频率空间中谱变成 $\delta(\nu - \nu_{\mathrm{c}})$ 与 $A\delta(\nu) + B\big[\,\delta(\nu - \nu_{\mathrm{mod}}) + \delta(\nu + \nu_{\mathrm{mod}})\,\big]/2$ 的卷积

传输从 ν_{c} 到 $\nu_{\max}$ 的范围．接收器也调整了，结果是单边带传输．

　　● 频率调制（见图 4.4）．这一点很重要，因为可以增加信道使用的带宽．（这里所说的"信道"可能是接近海王星的航天器和它在地球上的接收器所使用的射频链路，距离大约 $4 \times 10^9\,\mathrm{km}$）

$$V(t) = A\cos(2\pi\nu(t)t)$$

$\nu(t)$ 本身根据 $\nu(t) = \nu_{\mathrm{carrier}} + \mu\cos(2\pi\nu_{\mathrm{mod}}(t)t)$ 而变化．参数 μ 可

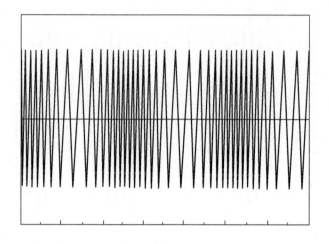

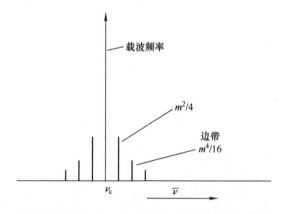

图 4.4　载波频率调制. 存在许多边带, 其振幅由雅可比展开式给出

以非常大, 例如, 在需要的时候, 通常要 3×10^3 Hz 带宽的语音电话信号可以占用数 MHz. 这样做的优势体现在信息论的哈特利-香农定理 (Hartley-Shannon 定理) 中, 该定理指出 "信道容量", 即有噪声的信道能够按比特 s^{-1} ("bauds", 波特) 传输信息的速率, 由下式给出

$$dB/dt \leqslant 2\Omega \log_e (1 + S/N),$$

其中 Ω 是信道带宽, S/N 是功率信噪比, dB/dt 是 "波特率" 或

比特传输率.

因此，要获得高数据传输速率，不需要勉强提高信噪比，因为只涉及信噪比的对数：而是增加传输带宽. 通过这种方式，海王星附近的航天器发射机可用的低功率可以比调幅发射机更有效地利用. 信息论中的定理，像热力学中的定理一样，倾向于告诉你什么是可能的，而不会告诉你该怎么做.

为了了解功率如何分布在调频载波中，可以根据载波信号的相位来写出信息信号 $a(t)$，记住频率可以定义为相位变化率. 如果相位在时刻 $t=0$ 处为零，则时刻 t 的相位为

$$\phi = \int_0^t \frac{\partial\phi}{\partial t}\mathrm{d}t,$$

$\partial\phi/\partial t = \nu_c + \int_0^t a(t)\mathrm{d}t$，传输信号为

$$V(t) = a\mathrm{e}^{2\pi[\nu_c + \int_0^t a(t)\mathrm{d}t]t},$$

考虑单个调制频率 ν_{mod}，有 $a(t) = k\cos(2\pi\nu_{\mathrm{mod}}t)$. 那么

$$2\pi\mathrm{i}\int_0^t a(t)\mathrm{d}t = \frac{2\pi\mathrm{i}k}{2\pi\nu_{\mathrm{mod}}}\sin(2\pi\nu_{\mathrm{mod}}t),$$

其中 k 是调制深度，k/ν_{mod} 称为调制指数 m，那么

$$V(t) = A\mathrm{e}^{2\pi\mathrm{i}\nu_c t}\mathrm{e}^{\mathrm{i}m\sin(2\pi\nu_{\mathrm{mod}}t)}.$$

应用数学中的一条基本规则是，当你看到一个指数函数的指数中有一个正弦函数或余弦函数时，就有一个贝塞尔函数潜伏在某个地方，这也不例外. $V(t)$ 表达式中的第二个因子可以用雅可比展开式展开成一系列贝塞尔函数. [○]

$$\mathrm{e}^{\mathrm{i}m\sin(2\pi\nu_{\mathrm{mod}}t)} = \sum_{n=-\infty}^{+\infty} J_n(m)\mathrm{e}^{2\pi\mathrm{i}n\nu_{\mathrm{mod}}t}$$

这很容易用傅里叶变换得到

$$\chi(\nu) = \sum_{n=-\infty}^{+\infty} J_n(m)\delta(\nu - n\nu_{\mathrm{mod}})$$

○ 例如，见 H. Jeffreys 和 B. Jeffreys，《数学物理方法》，第 3 版，剑桥大学出版社，剑桥，1999 年，第 589 页.

传输信号的频谱是 $\chi(\nu)$ 与 $\delta(\nu - \nu_c)$ 的卷积. 换言之, $\chi(\nu)$ 侧向移动, 使得狄拉克梳状函数的 $n = 0$ 齿位于 $\nu = \nu_c$.

贝塞尔函数的振幅必须计算或在表[一]中查找, 参数 m 的小值为 $J_0(m) = 1$, $J_1(m) = m/2$, $J_2(m) = m^2/4$ 等. 这些贝塞尔函数中的每一个都乘以周期 ν_{mod} 的狄拉克梳状函数中相应的齿, 以给出调制载波的频谱. 考虑到 $m = k/\nu_{\mathrm{mod}}$, 我们看到信道不是均匀填充的, 在更高的频率中功率更小.

作为傅里叶变换交叉效应的一个例子, 上述理论同样适用于光栅产生的衍射, 其格栅中存在周期性误差. 在第 3 章中, 有一个光栅的"孔径函数"表达式, 它是

$$A(x) = \Pi_{Na}(x)\left[\Pi_a(x) * Ш_a(x)\right].$$

如果格栅中存在周期性错误, 则必须替换 $Ш_a(x)$. 格栅应该位于 $x = 0$, a, $2a$, $3a$, $\cdots$, 分别 0, $a + \alpha\sin(2\pi\beta \cdot a)$, $2a + \alpha\sin(2\pi\beta \cdot 2a)$, $\cdots$, $Ш$- 函数替换为

$$G(x) = \sum_{n=-\infty}^{+\infty} \delta\left[x - na - \alpha\sin(2\pi\beta na)\right],$$

式中, α 是周期误差的振幅, $1/\beta$ 是其"高点". 其傅里叶变换为

$$\overline{G}(p) = \sum_{n=-\infty}^{+\infty} e^{2\pi i\left[na + \alpha\sin(2\pi\beta na)\right]}.$$

如第 3 章所示, $p = \sin\theta/\lambda$. 与上面的 $V(t)$ 有一个明显的类比. 衍射图案包含围绕每个真实光谱线的所谓"幽灵"线, 如图 4.5 所示.

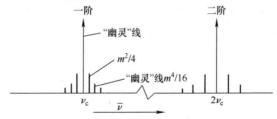

图 4.5　衍射光栅产生的光谱中的罗兰重影[二], 其格栅有周期误差. 重影距
　　　其母线的距离取决于误差周期, 强度取决于误差幅度的平方

[一]　例如, 在 Jahnke&Emde 或 Abramowitz&Stegun（见参考书目）.

[二]　罗兰重影, 继 H. A. 罗兰之后, 第一个有效的光栅刻划引擎的发明者.

分析不像调频无线电波那样简单，因为简单的正弦波被 δ- 函数所代替. 所发生的是，无限和 $\overline{G}(p)$ 可以分析成一整套狄拉克梳状函数，周期略高于或低于真实无误差周期，振幅根据与其相乘的贝塞尔函数的振幅迅速减小. 罗兰重影与母线之间的距离取决于光栅刻划引擎丝杠的螺距 $1/\beta$，振幅取决于周期误差振幅 α 的平方$^{\ominus}$.

这些卫星位于强度为 $\pi^2 p^2 \alpha^2$ 倍于母体高度的谱线两侧，并与母体相隔 $\Delta\lambda = \pm\alpha\beta\lambda$ 是一阶罗兰重影. 下一个是二阶重影，高度 $\pi^4 p^4 \alpha^4$ 倍于母体强度的，依此类推. 与频率调制载波的信道占用的类比是准确的. 当然，还有许多其他调制载波的方式，例如相位调制、脉宽调制、脉冲位置调制、脉冲高度调制等，与数字编码（这是一种相当独立的信息传输方式）截然不同. 可以对同一载波同时应用几种不同的调制方式，每种调制方式在接收机处需要不同类型的解调电路. 通信信道的设计包括组合和分离这些调制器的技术，并确保它们不会以各种"串扰"相互影响.

4.6 沿信道的多路传输

沿同一通信信道发送多个独立信号有两种方式. 它们被称为时间复用和频率复用. 频率复用是最常用的，要发送的信号用于调制$^{\ominus}$副载波，副载波随后调制主载波. 接收端的滤波器解调主载波，只发送副载波及其边带（包含信息）. 不同的子载波需要不同的滤波器，并且通常在子载波之间的频谱中留下一个小间隙以防止"串扰"，即一个信号扩展到另一个信号的通带.

时间多路复用涉及以固定的时间间隔对载波进行"采样". 例如，如果要发送 10 个独立的信号，则采样率必须是每个频带中出现的最高频率的 20 倍. 样本按顺序发送并切换到 10 个不同的信道进行解

$\ominus$ 因为 $\overline{G}(p)$ 给出了衍射振幅.

$\ominus$ 这里的"调制"意味着主载波信号乘以承载消息的副载波. 解调是一种反向过程，其中子载波及其消息通过各种电子手段之一从发射信号中提取出来.

码，必须有某种方法将发送端的每个消息信道与接收端的对应信道进行排序，以便正确的消息到达正确的接收器. 计算机和外围设备之间的"串行链路"就是一个例子，它只使用一根导线，大约有 8 个通道⊖，每个数据字节中的每个位位置对应一个通道.

4.7 一些信号通过简单滤波器的过程

这不是一个全面的处理，但说明了解决问题所使用的方法. 首先我们需要了解赫维赛德阶跃函数.

4.7.1 赫维赛德阶跃函数

当电路中的开关闭合时，一侧的电压几乎瞬时变化. 这可用赫维赛德阶跃函数 $H(t)$ 表示. 它具有 $t < 0$ 时 $H(t) = 0$，$t > 0$⊖时 $H(t) = 1$ 的性质，例如，它可以表示为解析函数的极限（见图 4.6）

$$H(t) = \lim_{a \to 0} \left[\frac{1}{1 + e^{-2t/a}} \right]$$

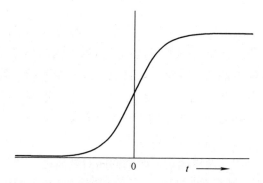

图 4.6 当 $a \to 0$ 时解析函数的极限近似于赫维赛德阶跃函数

⊖ 在实践中，只要发射器和接收器事先就数字达成一致，就可以是 5～11 个频道之间的任何频道.

⊖ 它在 $x = 0$ 处的值是争论的焦点，但通常取 $H(0) = 1/2$.

当 t 趋向于 $+\infty$ 时值趋向于 1，当 t 趋向于 $-\infty$ 时值趋向于 0，并且在 $t=0$ 处自动取值为 $1/2$.

然而，由于该函数不满足平方可积的狄利克雷条件，因此它不是可傅里叶变换的函数.

相反，我们构造一个函数如下.

我们从所谓的 "sgn-" 函数开始（见图 4.7），定义如下

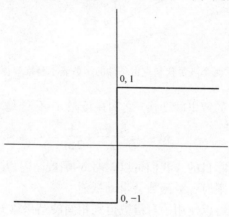

0, 1

0, -1

图 4.7　sgn- 函数 sgn(t)

$$\text{sgn}(t) = \begin{cases} -1, & -\infty < t < 0, \\ +1, & 0 < t < +\infty. \end{cases}$$

我们把它除以 2，再加上 $1/2$，得到单位高度的 Heaviside 阶跃.

函数 sgn(t)/2 同样不服从狄利克雷条件，但可以用几种方法来近似. 例如，它可以被视为一对 "斜坡" 函数的极限情况，有

$$f(t) = \begin{cases} \lim\limits_{a \to 0} \dfrac{-(at+1)}{2}, & -1/a < x < 0, \\ \lim\limits_{a \to 0} \dfrac{(1-at)}{2}, & 0 < x < 1/a. \end{cases}$$

这对函数服从狄利克雷条件（至少在到达极限之前），共同形成一个反对称函数，当 $a \to 0$ 时接近 sgn(t)/2. 当它这样做时，它的傅里叶变换中有一个因子 a 的部分全部消失了，剩下的是 sgn(t)/2 的傅里叶变换. 加上 $1/2$ 得到阶跃函数意味着我们把 $\delta(\nu)/2$ 加到 sgn(t)/2 的傅里叶变换上（见图 4.8）.

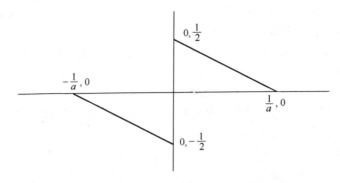

图4.8　用两个满足狄利克雷条件的函数表示赫维赛德阶跃函数

这三个分量的傅里叶变换⊖之和在极限 $a\to0$ 处是

$$\phi(\nu) = \frac{\delta(\nu)}{2} + \frac{1}{2\pi\nu}$$

出于所有实际目的，我们可以忽略 δ- 函数，因为当傅里叶变换中出现任何有限极限时，δ- 函数会自动抵消.

或者，我们可以使用一对指数得到相同的结果（这是值得做的练习）：⊖

$$H(t) = \begin{cases} \dfrac{1}{2} + \lim\limits_{a\to0}\dfrac{1}{2}(e^{at}-1), & -\infty < t < 0, \\[2ex] \dfrac{1}{2} + \lim\limits_{a\to0}\dfrac{1}{2}(1+e^{at}), & 0 < x < \infty. \end{cases}$$

4.7.2　电压阶跃通过"完美"的低通滤波器的过程

假设滤波器是一个"低通"滤波器，在临界频率 ν_c 之前没有衰减或相移，之后传输为零.⊖如果阶跃高度为 V 伏特，则作为时间函数

⊖ 当积分 t 时，记得做反变换，指数是 $-2\pi i\nu t$.

⊖ 这一对是由一个不知名的裁判指出的，他在本书的前几个版本中给了我一个明显的错误：尽管 $H(t)$ 不是反对称的，但我把傅里叶变换作为一个纯粹的虚函数.

⊖ 这样的滤波器，通俗地说是"砖墙"滤波器，实际上是不可能的，而且不可避免地存在与衰减或"滚降"速率相关的相移：然而，在电子世界中，各种近似值比比皆是.

的电压为赫维赛德阶跃函数 $VH(t)$. 它的频率成分是 $V/(2\pi\mathrm{i}\nu)$, 输出频谱是这与滤波器轮廓的乘积: 即 $\overline{V}(\nu) = V/(2\pi\mathrm{i}\nu) \cdot \Pi_{\nu_c}(\nu)$. 作为时间函数的输出信号是其傅里叶变换为:

$$f_0(t) = V \int_{-\nu_c}^{\nu_c} \frac{e^{2\pi\mathrm{i}\nu t}}{2\pi\mathrm{i}\nu} \mathrm{d}\nu,$$

其中的帽顶被积分的有限极限所取代.

要变换的函数是反对称的, 因此只有正弦变换:

$$f_0(t) = \mathrm{i}V \int_{-\nu_c}^{\nu_c} \frac{\sin(2\pi\nu t)}{2\pi\mathrm{i}\nu} \mathrm{d}\nu = Vt \int_{-\nu_c}^{\nu_c} \sin(2\pi\nu t) \mathrm{d}\nu$$

$$= 2Vt \int_0^{\nu_c} \mathrm{sinc}(2\pi\nu t) \mathrm{d}\nu = \frac{1}{\pi} \int_0^{2\pi\nu_c t} \mathrm{sinc}(x) \mathrm{d}x$$

其中具有明显的替代 $x = 2\pi\nu t$.

显然, 积分是 t 的函数, sinc- 函数不是直接可积的因此必须计算. 结果如图 4.9 所示.

上升时间取决于滤波器带宽. 在最快的时基设置下使用示波器观察边缘的人会认出这条曲线.

4.8 吉布斯现象

当你在示波器上显示一个方波时, 边缘从来都不是很尖锐的 (除非它们是通过一些微妙的、有意的电子手段造成的), 而是显示出小的振荡, 当接近拐角时振幅会增加. 在高带宽示波器中, 它们可能非常小.

原因在于示波器的有限带宽. 方波是帽顶与狄拉克梳状函数的卷积, 由包络 sinc- 函数调制齿高的狄拉克梳状函数复合. 为了得到一个完美的方波, 需要无穷多个齿, 也就是说, $F(t)$ 的级数展开必须有无穷多个项: 尖角需要高频. 由于可用频率有一个上限, 在实践中, 只能包含有限数量的项. 这相当于将频率空间中的 sinc- 函数调制的狄拉克梳状函数乘以宽度为 $2\nu_{\max}$ 的帽顶函数, 在示波器显示的 t- 空间中, 可以看到方波与非常窄的 sinc- 函数 $\mathrm{sinc}(2\pi\nu_{\max})$ 的卷积. 对显示的方波 (使用赫维赛德阶跃函数是有效的) 的前沿进行卷积, 用 sinc- 函

数在 $-\infty$ 和 t 之间的积分代替尖锐边缘，结果如图 4.9 所示.

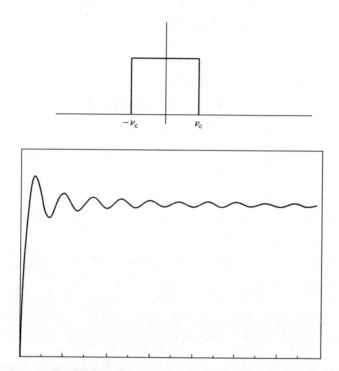

图 4.9   赫维赛德阶跃函数通过理想低通滤波器的过程. 通带是频率
空间中的帽顶函数，这就限制了赫维赛德阶跃变换的积分.

这一现象是由 A. A. Michelson 和 Stratton 通过实验发现的. 他们设计了一个机械傅里叶合成器，其中一支笔的位置是由 80 个弹簧控制的，这些弹簧靠着一个主弹簧拉在一起，每个弹簧由 80 个齿轮控制，这些齿轮以曲柄手柄每转 1/80，2/80，3/80，…，79/80，80/80 圈的相对速度转动. 合成器可以将弹簧张力设置为表示傅里叶系数的 80 个振幅，笔的位置给出序列的和. 当实验员转动曲柄手柄时，一张纸均匀地在笔下移动，笔在上面画出了图形，使迈克耳孙感到迷惑的是，它按计划再现了一个方波，但却显示出吉布斯现象. 迈克耳孙错误地认为机械缺陷是原因：吉布斯在一封写给《自然》的信中给出了

真实的解释. ⊖

　　这台机器本身是当时的奇迹，由芝加哥的盖特纳公司于 1898 年建造. 现存南肯辛顿科学博物馆的档案馆.

4.8.1　脉冲串通过低通滤波器的过程

　　假设我们用一个函数表示脉冲序列. 如果脉冲重复频率为 ν_0，则该序列用 $Ш_a(t)$ 描述，其中 $a = 1/\nu_0$. 假设滤波器和以前一样，完美地传输低于某个限值的所有频率，而不传输高于该限值的任何频率. 换言之，滤波器的频率剖面或"滤波器函数"与帽顶函数 Π_{ν_f} 相同. 信号和滤波函数的傅里叶变换分别为 $(1/a)\,Ш_{\nu_0}(\nu)$ 和 $\Pi_{\nu_f}(\nu)$. 输出信号的频谱是输入频谱和滤波函数的乘积，$(1/a)\,Ш_{\nu_0}(\nu) \cdot \Pi_{\nu_f}(\nu)$，输出信号是其傅里叶变换，即原始脉冲序列与 $\mathrm{sinc}(2\pi\nu_f t)$ 的卷积. 如果滤波器的带宽与脉冲重复频率 $1/a$ 相比较宽，则 sinc- 函数与单个脉冲的分离相比较窄，并且每个脉冲实际上被该窄 sinc- 函数代替. 另一方面，如果滤波器带宽很小，并且只包含该基频的少数谐波，则脉冲串将类似于正弦波. 有趣的一点是，如果滤波器的透射函指数衰减⊖，$Z(\nu) = e^{-k|\nu|}$，则波列是 $Ш_a(t)$ 与 $(k/(2\pi^2))/[t^2 + (k/(2\pi))^2]$ 的卷积. 结果函数的平方对于 Fabry-Pérot étalon 的学生来说可能是熟悉的 "Airy" 轮廓（'Airy' profile）.（见图 4.10）

4.8.2　电压阶跃通过简单高通滤波器

　　这是一个表明围线积分有时有简单的实际用途的例子.

　　根据欧姆定律（图 4.11）：

$$V_o = V_i \frac{R}{R + 1/(2\pi i\nu C)} = V_i \frac{2\pi i\nu RC}{2\pi i\nu RC + 1} = V_i \frac{2\pi i\nu}{2\pi i\nu + \alpha}$$

其中 R 是电阻，C 是电路中的电容，$\alpha = 1/(RC)$.

　　使输入步长具有高度 V，以便由赫维赛德阶跃函数 $\overline{V}_i(t) = VH(t)$

⊖　J. W. Gibbs，《自然》，59（1899），606.

⊖　把傅里叶变换分为两部分：$-\infty \to 0$ 和 $0 \to +\infty$.

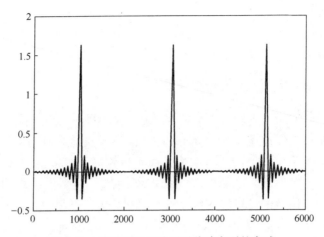

图 4.10　窄带低通滤波器对脉冲序列的衰减

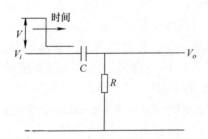

图 4.11　通过电压阶跃的简单高通滤波器

描述. 它的频率成分是 $V/(2\pi\mathrm{i}\nu) = V_i(\nu)$ 且

$$V_o(\nu) = \frac{V}{2\pi\mathrm{i}\nu} \cdot \frac{2\pi\mathrm{i}\nu}{2\pi\mathrm{i}\nu + \alpha} = \frac{V}{2\pi\mathrm{i}\nu + \alpha},$$

输出电压的时间变化是傅里叶变换：

$$\overline{V}_o(t) = V \int_{-\infty}^{+\infty} \frac{\mathrm{e}^{2\pi\mathrm{i}\nu t}}{2\pi\mathrm{i}\nu + \alpha} \mathrm{d}\nu,$$

用 z 替代 $2\pi\nu$：

$$\overline{V}_o(t) = \frac{V}{2\pi} \int_{-\infty}^{+\infty} \frac{\mathrm{e}^{\mathrm{i}zt}}{\mathrm{i}z + \alpha} \mathrm{d}z,$$

将顶部和底部乘以 $-\mathrm{i}$，以清除 z 中的任何系数：

$$\overline{V}_o(t) = \frac{-\mathrm{i}V}{2\pi} \int_{-\infty}^{+\infty} \frac{\mathrm{e}^{\mathrm{i}zt}}{z - \mathrm{i}\alpha} \mathrm{d}z.$$

这个积分不适用于初等方法（"求积"）. 所以我们用柯西积分公式：[一]
如果 z 是复数，$f(z)/(z-a)$ 在含有 a 点的复平面上绕闭环逆时针积分
等于 $2\pi\mathrm{i}f(a)$. $f(a)$ 是 $f(z)/(z-a)$ 在"极点" a 处的剩余量. 正式
写为

$$\oint \frac{f(z)}{z-a} \mathrm{d}x = 2\pi\mathrm{i}f(a),$$

这里极点在 $z = \mathrm{i}\alpha$，所以 $\mathrm{e}^{\mathrm{i}zt} = \mathrm{e}^{-\alpha t}$ 且

$$\frac{-\mathrm{i}V}{2\pi} \int_C \frac{\mathrm{e}^{\mathrm{i}zt}}{z - \mathrm{i}\alpha} \mathrm{d}z = -2\pi\mathrm{i}\frac{\mathrm{i}V}{2\pi}\mathrm{e}^{-\alpha t} = V\mathrm{e}^{-\alpha t}.$$

循环（"轮廓"）包括（a）实轴，给出 $\mathrm{d}z = \mathrm{d}x$ 的期望积分，（b）被
积函数消失的无限半径处的正半圆. 沿实轴的积分是

$$\lim_{r \to \infty} \frac{-\mathrm{i}V}{2\pi} \int_{-r}^{r} \frac{\mathrm{e}^{\mathrm{i}xt}}{x - \mathrm{i}\alpha} \mathrm{d}x.$$

这就是我们想要的积分. 沿大 r 值的半圆形，z 是复的，因此可以写
成 $z = \mathrm{e}^{\mathrm{i}\theta}$ 或 $r(\cos\theta + \mathrm{i}\sin\theta)$，使 $\mathrm{e}^{\mathrm{i}zt}$ 变成 $\mathrm{e}^{\mathrm{i}r(\cos\theta + \mathrm{i}\sin\theta)t}$. 实部是 $\mathrm{e}^{-rt\sin\theta}$，
对于 t 的正值，当 r 趋于无穷大时，它就消失了（这就是为什么我们
选择正半圆 $-\sin\theta$ 是正的）. 正半圆周围的积分对总积分没有贡献.

因此，对于 $t > 0$，输出电压的时间变化 $V_o(t)$ 为

$$V_o(t) = V\mathrm{e}^{-\alpha t}.$$

对于 t 的负值，为了使积分消失，必须用负半圆进行积分. 负半圆没
有极点，所以实轴积分也为零. 因此，响应的完整图形如图 4.12
所示.

㊀ 这是非常重要的，在任何一本关于复变函数的书中都可以找到.

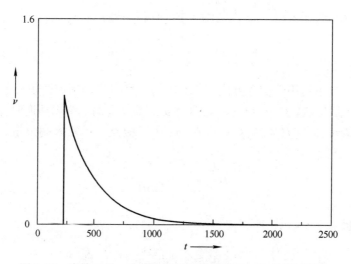

图 4. 12　当输入是一个赫维赛德阶跃函数时，V_o 是通过简单
高通滤波器后的时间的函数

第 5 章

应用 3: 干涉光谱和谱线形状

5.1 干涉光谱法

干涉测量的基本公式之一是给出光学干涉图中最大值和最小值条件的方程:

$$2\mu d\cos\theta = m\lambda,$$

其中 m 的最大值必须是整数, 最小值必须是半整数.

这个方程中有五个可能的变量, 通过保持三个常数, 允许一个为自变量, 计算另一个变量, 就可以描述许多不同类型的条纹, 几乎可以满足所有干涉仪的要求; 并且几乎可以描述光学教科书[⊖]中提到的所有类型的干涉条纹, 包括 "局部化" 条纹、等倾条纹、托兰斯基条纹、埃德泽-巴特勒条纹等.

5.2 迈克耳孙复合光谱仪

迈克耳孙干涉仪 (见图 5.1) 可以追溯到 1887 年. 在最初的版本中, 透镜对光源发出的光进行准直, 并通过所谓的分束器进行传输, 分束器是一个半镀银的反射器, 它传输和反射入射光的振幅相等 (它也吸收了相当大的一部分). 两个分离的光束是相干的, 从两个平面镜反射, 或者可能从两个反射立方体角反射, 然后返回到分束器. 在那里, 两个光束重新组合, 相等的部分再次被透射和反射. 传输的比例是大家感兴趣的, 由于相干性, 组合振幅可以相加, 并且是矢量相

⊖ 例如, M. Born, E. Wolf, 《光学原理 (第七版)》, 剑桥大学出版社, 剑桥, 2002 年; 或 E. Hecht, A. Zajac, 《光学 (第四版)》, Addison Wesley, 纽约, 2003 年.

加，因为除非两臂的长度完全相等，否则两个分量之间存在相位差，并且如果路径差是波长的整数或半整数，那么它们可以相互增强或抵消. 如果光是单色的，那么当其中一个反射器均匀移动以改变路径差时，透射强度呈正弦变化. 迈克耳孙最初利用这一事实来测量波长，并最终校准测量杆，方法是将镜子移动已知的测量距离时烦琐地计算经过的条纹数.

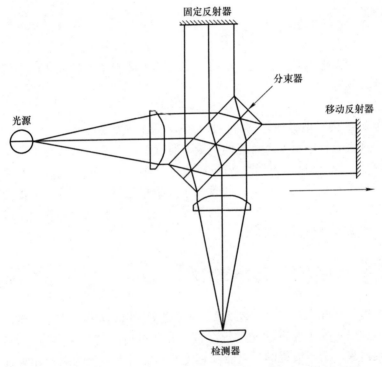

图 5.1　迈克耳孙干涉仪：光学装置. 移动的反射镜必须以精确的
$\lambda/4$ 步长位移，其中 λ 是光谱中最短的波长，并且其表面的对准必须
保持恒定在 $\pm\lambda/8$ 或更好的范围内

当存在多个波长时，输出信号包含一系列频率，其振幅对应于各种光谱成分的强度. 因此，对信号进行傅里叶分析可以恢复信号源的频谱.

瑞利勋爵（Lord Rayleigh）在给迈克耳孙的一封信[一]中指出，条纹系统中光的强度是透射光光谱的傅里叶变换，尽管当时没有办法测量强度，更不用说计算其傅里叶变换了.

随着二十世纪后半叶技术的进步，光的强度和反射器的位置都变得具有必要的精确度. 傅里叶变换通过 FFT[二]变得可以计算，使得高分辨率傅里叶光谱成为可能，这样做的原因有两个方面：

（1）干涉仪的"吞吐量"或"光抓取"比相同孔径的光栅光谱仪的"吞吐量"或"光抓取"大几百倍.

（2）红外光谱的信噪比有很大的提高，探测器中的电子噪声是噪声的主要来源，因为整个光谱是一次观测的，而不是由单色仪依次选择和测量小的波长间隔. 这种增益通常被称为多重传输优势或费格特优势（其发现者）.[三]

所有这些都允许分析非常微弱的天体物理或航空来源，或者非常快速地测量红外吸收光谱，有时是"实时"的，因为气体组分从气相色谱仪柱依次进入吸收池.

由于该装置在机械上相当于一台光栅刻划机，每次测量一个光谱时，都要用一个新的光栅刻划机进行刻划，而且需要同样的精度，因此有许多技术问题需要解决.

5.2.1　迈克耳孙-傅里叶光谱仪理论

在正常调整中，聚焦透镜在其焦平面上产生一系列同心条纹，并且有一个光圈，一个条纹的光可以通过这个光圈到达探测器. 这个光圈相当于光栅光谱仪的狭缝. 到达分束器的波数 ν 的光可以用下式描述[四]：

$$A = A_0 e^{2\pi i \nu t}$$

忽略了吸收，在分束器之后，两个新产生的波前为

$$A_1 = A_2 = \frac{A_0}{\sqrt{2}} e^{2\pi i \nu t},$$

[一]　瑞利勋爵，菲尔. 杂志 34（1892），407.

[二]　见第 9 章.

[三]　P. B. Fellgett，程序. 物理. Soc. B 62（1949），529.

[四]　在这种光谱学中，考虑波数比考虑波长更方便.

如果两个光束在干涉仪的两个臂中移动距离 d_1 和 d_2，则在重新组合时，它们在透射方向上出现：

$$A_{\text{trans}} = \left[\frac{A(0)}{2}e^{2\pi i\nu d_1} + \frac{A(0)}{2}e^{2\pi i\nu d_2}\right]e^{2\pi i\nu t}.$$

顺便注意，即使透射和反射振幅不相等，每个光束也经历一次透射和一次反射，并且两个最终透射振幅相同（或应该相同）.

探测器所看到的透射强度为

$$I = \frac{|A(0)|^2}{2}\left[1 + \cos(2\pi\nu(d_1 - d_2))\right]$$

从这里开始，我们将把 $(d_1 - d_2)$ 称为路径差 Δ.

单色光就到此为止. 实际上，单色光束不会传输功率，因为功率与带宽成正比，探测器从无限小带宽源 $d\nu$ 接收到的强度可以用下式描述

$$I(\nu)d\nu = \frac{I_0(\nu)d\nu}{2}\left[1 + \cos(2\pi\nu\Delta)\right]$$

再次忽略了分束器的损耗、散射等实际问题.

现在，如果一个光谱功率密度为 $S(\nu)$ 的真实光源通过仪器，探测器接收到的功率为

$$I(\Delta) = \int_0^\infty \frac{S(\nu)d\nu}{2}\left[1 + \cos(2\pi\nu\Delta)\right]$$

$$= \frac{S}{2} + \frac{1}{2}\int_0^\infty S(\nu)d\nu\cos(2\pi\nu\Delta).$$

我们通常把这个表达式写成

$$2I(\Delta) - S = J(\Delta) = \int_0^\infty S(\nu)d\nu\cos(2\pi\nu\Delta).$$

式中，S 表示输送到探测器的总功率. 当路径差将入射功率的一半送回源时，根据定义 $J(\Delta)$ 很可能为负.

更简洁一些，我们写为

$$J(\Delta) \rightleftharpoons S(\nu)$$

记录的"干涉图" $J(\Delta)$ 是光谱功率密度 $S(\nu)$ 的傅里叶余弦变换.

　　各种各样的实际问题介入其中. 在数字计算机出现之前, 甚至是在快速傅里叶变换被发现或发明之后, 尽管在实现这种变换的模拟装置的发明中显示出了许多独创性, 但进行真正的傅里叶光谱分析还是不可能的. 在现代实践中, 干涉图是以数字方式记录的, 要么是通过其中一个反射器的平滑运动来连续改变路径差, 要么是通过逐步改变路径差, 在每一步都采集一个"样本". 在这里, 采样定理介入, 原则上干涉图的采样间隔应不大于光谱中最高波数两倍的倒数. 在实践中, 如果源占据少于电磁频谱的倍频程, 并且对整个干涉图的分析只会显示出频谱的大部分是空的, 那么这可能是浪费. 通过适当的光学滤波, 可以使步长变大, 并从真实光谱的更高别名中恢复光谱.

　　同样, 在实际应用中, 由于光学和机械的缺陷, 很难准确地找到零光程差的位置, 而且光学系统中可能存在波长色散, 因此零光程差的位置与波数有关. 使用各种技术来纠正这些仪器缺陷, 例如, 通过使用插值定理来找到"真实"样本量 (如果从零路径差中准确采集样本, 它们会是什么样的), 以及通过计算功率变换等方式. 类似于光栅刻划机的原理延伸到类似的测量误差. 例如, 如果步长中存在循环变化, 则将存在伪卫星线.

　　这种技术通常只有在探测器噪声占主导地位的情况下才有价值. 在可见光和紫外光波段, 光电探测器是主要的探测手段, 入射信号的光电散粒噪声是主要的噪声源. 这样不仅没有多重传输优势, 而且实际上存在多重传输的劣势, 因为来自主要发射线的光电子散粒噪声出现在整个恢复的光谱中, 并且可以淹没可能存在的所有其他微弱发射线.

　　干涉图的分析还涉及其他与傅里叶变换有关的过程. 例如, 如果路径差已经平滑地而不是逐步地改变, 那么为干涉图记录的每个样本在路径差的微小改变上累积, 并且真实样本与宽度等于一个样本间隔的帽顶函数的卷积也是如此. 来自变压器的频谱被一个非常宽的 sinc- 函数相乘, 零交叉点在 $2\nu_f$ 处, 计算出的频谱必须除以这个 sinc- 函数才能恢复真实的频谱.

　　傅里叶光谱仪的仪器线型是 sinc- 函数, 而不是光栅光谱仪的 sinc^2- 函数. 这有巨大旁瓣的缺点, 或二次极大值, 是主要最大值的高度的22%，所以变迹是必要的．这是通过将干涉图乘以一些合适的函数来实现的，因此输出线型是 sinc- 函数线型与变迹函数的卷积．

这一过程与第3章所述的用变迹掩模覆盖衍射光栅完全相似．对不同比例的函数进行了大量的实验，珍妮·康涅斯[一]发现的函数得到了广泛的支持．它要求干涉图的 N 个样本乘以 $[1-(n/N)^2]^2$，如图5.2所示．

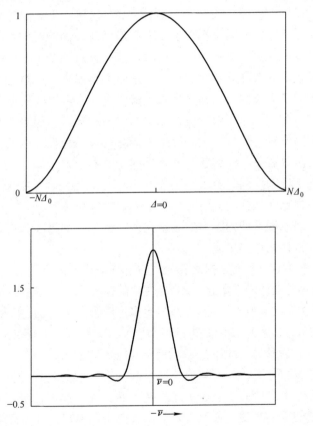

图 5.2　红外傅里叶光谱的 Connes 变迹函数及其对仪器线型的影响．如果没有它，光谱中的每一条发射线将由一个 sinc- 函数来表示，该函数的次极大值是主极大值高度的 22%

[一]　康涅斯，阿斯彭多重傅里叶光谱学会议，G. A. Vanasse，A. T. Stair 和 D. J. Baker，（编辑）．AFCRL-71-0019. 1971 年，第 83 页．

5.3　谱线的形状

当电荷被加速时，它会将能量损失给周围的辐射场. 在匀速运动中，它产生与电流成比例的磁场，即 $e\partial x/\partial t$；如果电荷被加速，变化的磁场产生与 $e\partial^2 x/\partial t^2$ 成比例的电场. 这反过来会产生一个磁场（通过麦克斯韦方程），这个磁场也与 $e\partial^2 x/\partial t^2$ 成正比.

如果电荷是振荡的，那么它周围的感应场也是振荡的，这些被视为电磁辐射（即光或无线电波）. 辐射功率与场强 $\frac{1}{2}(\varepsilon_0 E^2 + \mu_0 H^2)$ 的平方成正比，场强与 $e(\partial^2 x/\partial t^2)^2$ 成正比. 辐射总功率为 $[2/(3c^2)]$ $|\ddot{X}|^2$，其中 X 是振荡电荷产生的偶极矩 ex 的最大值. 以这种方式损失能量的偶极子是一个阻尼振子，普朗克早期的成就[⊖]之一是证明阻尼常数 γ 为

$$\gamma = \frac{1}{4\pi\varepsilon_0}\frac{8\pi^2}{3}\frac{e^2}{mc}\frac{1}{\lambda^2}.$$

振子的运动方程是通常的阻尼谐振子方程：

$$\ddot{x} + \gamma\dot{x} + Cx = 0.$$

式中，C 是"弹性"系数，它取决于特定的偶极子，并描述其刚度和振荡频率，这里 γ 当然是决定能量损失率的阻尼系数.

这个方程的解是众所周知的：

$$f(t) = e^{-\frac{\gamma}{2}t}(Ae^{2\pi i\bar{\nu}_0 t} + Be^{-2\pi i\bar{\nu}_0 t}),$$

把 $A=0$ 放在这里很方便，所以作为时间函数的振幅为

$$f(t) = e^{-\frac{\gamma}{2}t}Be^{-2\pi i\bar{\nu}_0 t},$$

其傅里叶变换给出振幅的光谱分布，当乘以其复共轭时，得到光谱功

⊖　M. 普朗克，安. 物理. 60 (1897)，577.

率密度:

$$\phi(\bar{\nu}) = \int_0^\infty e^{-\frac{\gamma}{2}t} B e^{2\pi i \bar{\nu}_0 t} e^{-2\pi i \bar{\nu} t} dt,$$

（积分下限为 0，因为振荡从那时开始）. 积分后得到

$$\phi(\bar{\nu}) = e^{-\frac{\gamma}{2}t} \left[\frac{e^{2\pi i(\bar{\nu}_0 - \bar{\nu})t}}{2\pi i(\bar{\nu}_0 - \bar{\nu}) - \gamma/2} \right]_0^\infty = \frac{1}{2\pi i(\bar{\nu}_0 - \bar{\nu}) - \gamma/2},$$

那么光谱功率密度为

$$I(\bar{\nu}) = \frac{1}{4\pi^2 (\bar{\nu}_0 - \bar{\nu})^2 + (\gamma/2)^2}$$

线型是第 1 章讨论的洛伦兹线型. （见图 5.3）.

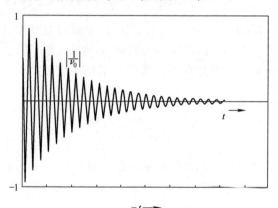

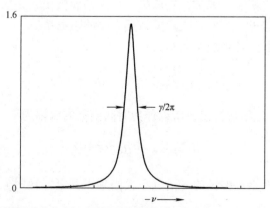

图 5.3　阻尼谐振子的振幅和相应的谱线线型：半高宽为 $\gamma/2\pi$ 的洛伦兹函数.
如果原子在发射过程中保持完全静止，这就是原子跃迁发射的光谱线的形状

对于受激原子的辐射，同样的方程也可以从量子力学[⊖]中推导出来. 常数 $\gamma/2$ 现在是"跃迁概率"，如果只有一个向下跃迁是可能的即"激发态寿命"的倒数. 这种"允许"或"偶极"原子跃迁发射的谱线的半高宽通常称为谱线的"自然"宽度. 这种形状再次出现在核物理中，这次被称为"布雷特-维格纳公式"，并以同样的方式描述了放射性衰变能谱中的能量扩散，基本物理显然与其他情况相同.

因此，跃迁概率和谱线宽度之间存在直接联系，原则上可以通过测量谱线宽度来测量跃迁概率. 对于典型的"允许"或"偶极"跃迁（通常在光谱放电灯中看到的类型），跃迁概率在 $10^8\,\mathrm{s}^{-1}$ 量级，光谱线在 5000Å 处的宽度（绿色）约为 0.003Å. 这需要高分辨率，例如法布里-珀罗（Fabry-Pérot étalon）校准器来解决. 测量是相当困难的，因为气体中的原子是剧烈运动的，为了用这种方法观察自然衰变，需要一束受激原子的准直光束.

气体中原子或分子的剧烈运动可用麦克斯韦速度分布来描述. 动能呈玻耳兹曼分布，观察者视线中速度为 v 的原子分数呈高斯分布：

$$n(v) = n_0 \mathrm{e}^{-mv^2/(2kT)}$$

利用比例多普勒频移，得到高斯分布，否则将是单色线：

$$I(\lambda) = I_0 \mathrm{e}^{-(\lambda-\lambda_0)^2/a^2}.$$

宽度参数 a 来自麦克斯韦速度分布且 $a^2 = 2\lambda_0^2 kT/(mc^2)$，其中 k 是玻耳兹曼常数，T 是温度，m 是发光物质的质量，c 是光速.

当我们将数字代入这个公式时，我们发现强度分布是高斯分布，半高宽与波长成正比，且 $\Delta\lambda/\lambda = 7.16 \times 10^{-7}\sqrt{T/M}$，其中 M 是发射物质的分子量.

这种多普勒展宽，或温度展宽，本身会给出一个不同于辐射阻尼引起的线型：高斯分布而不是洛伦兹分布. 除非发射器具有相当高的分子量或温度较低，否则多普勒宽度远大于自然宽度. 然而，在考虑了仪器的作用后，真正观察到的线条形状是将两者卷积成所谓的

⊖　例如，见 N. F. Mott，I. N. Sneddon，《波力学及其应用》，牛津大学出版社，牛津，1948 年，第 10 章，第 48 节.

"Voigt"线型,

$$V(\lambda) = G(\lambda) * L(\lambda)$$

傅里叶变换将是高斯线型和洛伦兹线型的傅里叶变换的乘积. 这种洛伦兹线型是一种谱功率密度, 根据维纳-辛钦定理, 它的傅里叶变换是表示阻尼振子衰减的截断指数函数的自相关, 且这种自相关很容易计算. 设 s 为与 λ 成对的变量. 那么 $L(\lambda) \rightleftharpoons l(s)$, 其中

$$l(s) = \int_{s}^{+\infty} e^{-\frac{\gamma}{2}s'} e^{-\frac{\gamma}{2}(s'-s)} \mathrm{d}s'$$

$$= \begin{cases} \dfrac{1}{\gamma} e^{-\frac{\gamma}{2}s} & \gamma > 0, \\[3mm] \dfrac{1}{\gamma} e^{\frac{\gamma}{2}s} & \gamma < 0. \end{cases}$$

自相关必然是对称的, 所以我们可以写为

$$l(s) = \frac{2}{\gamma} e^{\frac{\gamma}{2}|s|},$$

对于 s 的正值, Voigt 线线型的傅里叶变换是以下乘积

$$v(s) = e^{-\pi^2 s^2 a^2} e^{-\frac{\gamma}{2}s}.$$

$\log_e v(s)$ 与 s 的关系图是一条抛物线. 从这条抛物线中, 可以用初等方法提取两个量 γ 和 a, 并分开卷积的两个分量.

　　Voigt 线型在光谱学中出现得相当频繁. 阻尼振荡器的线型不仅是洛伦兹曲线, 法布里-珀罗 (Fabry-Pérot étalon) 校准器的仪器线型也是洛伦兹线型⊖与狄拉克梳状函数的卷积. 因此, 当用于测量气体或等离子体温度时, 法布里-珀罗条纹会显示 Voigt 轮廓, 如果仪器使用得当 (即给定实验中板之间的适当间距), 洛伦兹半宽将类似于高斯半宽.

　　光谱线形状的其他原因很容易想象. 如果压力很大, 原子在有时间完成转变之前就会相互碰撞. 然后缩短衰减指数, 得到的线型是洛

⊖　因为在透射强度不平凡的地方, 艾里公式中相位角的正弦可以用角度本身来代替.

伦兹线型与 sinc- 函数的卷积. sinc- 函数的宽度对于每个衰减都是不同的，在某个平均值附近为泊松分布. 由此产生的谱线显示"压力加宽"，它随着碰撞时间的减少而增加，即随着压力的增加而增加. 这是一种现象，例如，可以用来诊断远程等离子体的条件.

第6章

二维傅里叶变换

6.1 笛卡儿坐标

把基本思想扩展到二维是简单而直接的. 和前面一样, 我们假设函数 $F(x,y)$ 服从狄利克雷条件, 我们可以写为

$$A(p,q) = \int_{-\infty}^{+\infty} \int_{-\infty}^{+\infty} F(x,y) e^{2\pi i(px+qy)} dxdy,$$

$$F(x,y) = \int_{-\infty}^{+\infty} \int_{-\infty}^{+\infty} A(p,q) e^{-2\pi i(px+qy)} dpdq,$$

变换函数的空间是二维的, 就像原始空间一样. 向三个或更多维度的扩展是显而易见的.

有时函数 $F(x,y)$ 可分为 $f_1(x)f_2(y)$ 的乘积. 在这种情况下, 傅里叶对 $A(p,q)$ 可分为 $\phi_1(p)\phi_2(q)$, 我们分别发现

$$f_1(x) \rightleftharpoons \phi_1(p); f_2(y) \rightleftharpoons \phi_2(q),$$

如果 $F(x,y)$ 不能以这种方式分离, 则变换必分两个阶段进行:

$$A(p,q) = \int_{-\infty}^{+\infty} e^{2\pi iqy} \left(\int_{-\infty}^{+\infty} F(x,y) e^{2\pi ipx} dx \right) dy$$

是先对 x 积分还是先对 y 积分, 取决于具体的函数 F.

6.2 极坐标

有时通常有圆对称和极坐标可以使用. 变换空间也由极坐标 ρ 和 ϕ 定义, 代换为

$$x = r\cos\theta; y = r\sin\theta;$$

$$p = \rho\cos\phi; q = \rho\sin\phi.$$

那么

$$A(\rho,\phi) = \int_0^{+\infty} \int_0^{2\pi} F(r,\theta) \, \mathrm{e}^{2\pi\mathrm{i}(\rho\cos\phi \cdot r\cos\theta + \rho\sin\phi \cdot r\sin\theta)} \, r \mathrm{d}r \mathrm{d}\theta,$$

其中 $r\mathrm{d}r\mathrm{d}\theta$ 现在是积分中的面积元素，可以直接或从雅可比矩阵 $\partial(x, y)/\partial(r,\theta)$ 看出.

这可以简化为:

$$A(\rho,\phi) = \int_0^{+\infty} \int_0^{2\pi} F(r,\theta) \, \mathrm{e}^{2\pi\mathrm{i}\rho r\cos(\theta-\phi)} \, r\mathrm{d}r\mathrm{d}\theta.$$

如果函数 F 可分为 $P(r)\Theta(\theta)$，则积分可分为

$$\int_0^{+\infty} P(r) \left\{ \int_0^{2\pi} \Theta(\theta) \, \mathrm{e}^{2\pi\mathrm{i}\rho r\cos(\theta-\phi)} \, \mathrm{d}\theta \right\} r\mathrm{d}r.$$

如果存在圆对称，则 A 仅是 r 的函数，且 $\Theta(\theta) = 1$. 我们可以写作

$$A(\rho,\phi) = \int_0^{+\infty} P(r) \left[\int_{\theta=0}^{2\pi} \mathrm{e}^{2\pi\mathrm{i}\rho r\cos(\theta-\phi)} \, \mathrm{d}\theta \right] r\mathrm{d}r.$$

我们现在代入一个新的自变量 $\theta - \phi = \alpha$，有 $\mathrm{d}\alpha = \mathrm{d}\phi$（积分取 2π 左右，不依赖于 θ 的值）.

那么 θ- 积分就变成了

$$\int_0^{2\pi} \mathrm{e}^{2\pi\mathrm{i}\rho r\cos\alpha} \mathrm{d}\alpha.$$

这等于 $2\pi J_0(2\pi\rho r)$（见附录 A. 2），其中 J_0 表示零阶贝塞尔函数.

那么

$$A(\rho) = 2\pi \int_0^{+\infty} P(r) r J_0(2\pi\rho r) \mathrm{d}r$$

这就是汉克尔变换，它是傅里叶变换的近亲.

任意阶 n，$J_n(x)$ 的贝塞尔函数具有这样的性质: 当它们乘以 $x^{1/2}$ 时，它们形成一个正交集[⊖]，就像三角函数:

$$\int_0^{+\infty} x J_n(x) J_m(x) \mathrm{d}x = \delta_m^n$$

其中 δ_m^n 是通常的 Kronecker-δ（如果 $m \neq n$，那么 $\delta_m^n = 0$，$\delta_m^m = 1$）.

⊖ Bracewell 给出了正交性的证明（见参考书目）.

因此，在傅里叶变换中有一个反演公式，因此 $P(r)$ 可以从中恢复出来

$$P(r) = 2\pi \int_0^{+\infty} A(\rho)\rho J_0(2\pi\rho r)\,\mathrm{d}\rho.$$

这两个函数的关联表示为

$$P(r) \Leftrightarrow A(\rho).$$

6.3 定理

第 2 章导出的一些定理（但不是全部），可以推广到二维情形. 如上所述，假设 $P(r) \Leftrightarrow A(\rho)$，那么我们有以下结果.

1. 相似性定理：$P(kr) \Leftrightarrow (1/k^2)A(\rho/k)$，

2. 加法定理：$P_1(r) + P_2(r) \Leftrightarrow A_1(\rho) + A_2(\rho)$，

3. 瑞利定理：$\int_0^{+\infty} |P(r)|^2 r\mathrm{d}r = \int_0^{+\infty} |\Phi(\rho)|^2 \rho\mathrm{d}\rho$，

4. 卷积定理：有一个卷积定理类似于一维的卷积定理，但其中一个函数必须在二维中探索整个平面，而不是在另一个平面上滑动. 在平面上的每个点进行积分，以获得卷积：

$$C(r') = P_1(r) * * P_2(r) = \int_0^{+\infty} \int_0^{2\pi} P_1(r)P_2(R)r\mathrm{d}r\mathrm{d}\theta.$$

其中 $R^2 = r^2 + r'^2 - 2rr'\cos\theta$，符号 $* *$ 表示二维卷积. 那么

$$C(r) \Leftrightarrow A_1(\rho)A_2(\rho).$$

6.4 具有圆对称性的二维傅里叶变换示例

1. 帽顶函数，也称为"circ"或"disk"：

$$P(r) = \begin{cases} h, & 0 < r < a, \\ 0, & a < r < \infty, \end{cases}$$

$$A(\rho) = 2\pi h \int_0^a r \cdot J_0(2\pi\rho r)\,\mathrm{d}r,$$

我们使用性质（见附录 A.2）

$$\frac{\mathrm{d}}{\mathrm{d}x}(xJ_1(x)) = xJ_0(x),$$

使得

$$2\pi\rho r = x\,;\ 2\pi\rho\mathrm{d}r = \mathrm{d}x.$$

那么有

$$A(\rho) = 2\pi h \int_0^{2\pi a\rho} \frac{x}{2\pi\rho} \cdot J_0(x) \frac{\mathrm{d}x}{2\pi\rho}$$

$$= \frac{h}{2\pi\rho^2} \int_0^{2\pi a\rho} xJ_0(x)\,\mathrm{d}x = \frac{h}{2\pi\rho^2}\big[xJ_1(x)\big]_0^{2\pi a\rho}$$

$$= \frac{ah}{\rho}J_1(2\pi a\rho) = \pi a^2 h \Big(\frac{2J_1(2\pi a\rho)}{2\pi a\rho}\Big).$$

最终有

$$A(\rho) = \pi a^2 h\,\mathrm{Jinc}(2\pi a\rho),\ \text{其中}\ \mathrm{Jinc}(x) = \frac{2J_1(x)}{x},$$

Jinc 包含因子 2，以便使得 $\mathrm{Jinc}(0) = 1$.

以 a 为孔径半径，ρ 为 $\sin\theta/\lambda$，给出了光波或无线电波在圆孔处的衍射振幅. 强度分布，也就是它的平方模，是望远镜和其他光学成像仪器的学生所熟悉的著名的"艾里圆盘".

2. 薄环隙 $P(r)$ 是一个半径为 a 的圆. 在光学中，对于一个非常薄的环发射光，

$$P(r) = h\delta(r - a),$$

那么

$$A(\rho) = 2\pi h \int_0^{+\infty} r\delta(r - a)J_0(2\pi\rho r)\,\mathrm{d}r$$

$$= 2\pi a h J_0(2\pi\rho a).$$

6.5 应用

6.5.1 矩形狭缝的夫琅和费衍射

第 3 章简单的二维夫琅禾费理论现在可以详细阐述了. 在这里, 我们假设表面 S 上的元素 dS 的面积等于 dx, 即狭缝宽度 × 垂直于图的单位长度.

现在我们可以使用衍射光阑中垂直于传播方向的一个小矩形 $dS = dxdy$, 来计算由方向余弦 l, m, n 指定的方向上的衍射振幅. 由此我们可以计算平面上距离光阑 z 处一点的强度. 如果 $Q(x, y)$ 处区域 $dxdy$ 元素的振幅为 $Kdxdy$, 那么在远屏上的 P 处, 振幅为 $Kdxdye^{\frac{2\pi}{\lambda}R'}$, 根据初等坐标几何 $R' = R - lx - my$, 其中 l 和 m 是直线 OP 的方向余弦, R 是从原点到远处屏上点 P 的距离. (见图 6.1)

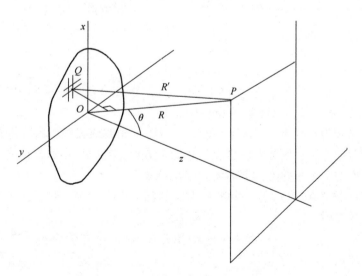

图 6.1 笛卡儿坐标系中的二维衍射光圈

P 处的总扰动是 $z = 0$ 平面上所有基本扰动的总和, 所以我们可

以写

$$A(p,q) = \iint_{光圈} K \mathrm{d}x \mathrm{d}y \, \mathrm{e}^{2\pi i \left(\frac{R}{\lambda} - \frac{lx}{\lambda} - \frac{my}{\lambda} \right)}$$

$$= C \iint_{光圈} \mathrm{e}^{2\pi i (px+qy)} \mathrm{d}x \mathrm{d}y.$$

其中，$p = l/\lambda$，$q = m/\lambda$，C 是一个常数，它取决于光圈的面积，并且包含恒定的相位因子和任何其他不影响衍射图样中相对强度的因素.

如果光圈是由边长为 $2a \times 2b$ 的矩形构成，则积分分开为：

$$A(p,q) = C \int_{-a}^{a} \mathrm{e}^{-2\pi i p x} \mathrm{d}x \int_{-b}^{b} \mathrm{e}^{-2\pi i q y} \mathrm{d}y$$

在余弦为 $p\lambda$ 和 $q\lambda$ 的方向上衍射的强度是平方模量：

$$I(p,q) = I_0 \, \mathrm{sinc}^2 (2\pi ap) \, \mathrm{sinc}^2 (2\pi bq).$$

请注意，也许令人惊讶的是，中心峰值处的强度与光圈面积的平方成正比.

6.5.2　圆孔夫琅禾费衍射

如果光圈为圆形且半径为 a，则使用汉克尔变换（Hankel transform），与之前相同 $x = r\cos\theta$，$y = r\sin\theta$，且有 $p = l/\lambda = \rho\cos\phi$，$q = m/\lambda = \rho\sin\phi$，$\rho^2 = p^2 + q^2$.

第三方向余弦 n 由下式给出

$$n^2 = 1 - l^2 - m^2 = 1 - (p\lambda)^2 - (q\lambda)^2,$$

所以

$$\rho^2 = \frac{1}{\lambda^2}(l^2 + m^2) = \frac{1 - n^2}{\lambda^2}.$$

或者 $\rho = \sin\theta/\lambda$，其中 θ 是 OP 和 z-轴之间的夹角.

然后，我们马上能得到

$$A(\theta) = A(0) \frac{J_1(2\pi a \sin\theta/\lambda)}{2\pi a \sin\theta/\lambda},$$

且

$$I(\theta) = I(0) \left[\frac{J_1(2\pi a \sin\theta/\lambda)}{2\pi a \sin\theta/\lambda} \right]^2.$$

这是艾里圆盘强度的形式方程. 再次注意, $I(0)$ 与光圈面积的平方成正比. 图案中的总功率当然与光圈的面积成正比, 但举例来说, 当衍射光圈的半径加倍时, 远处屏幕上的图案有半径的一半和面积的四分之一, 直到第一个零强度环.

作为练习, 可以计算由环形光阑形成的衍射图样中的强度分布. 如果环空的内外半径为 a 和 b, 则振幅函数为

$$A(\theta) = K \left[a^2 \frac{J_1(2\pi a \sin\theta/\lambda)}{2\pi a \sin\theta/\lambda} - b^2 \frac{J_1(2\pi b \sin\theta/\lambda)}{2\pi b \sin\theta/\lambda} \right],$$

强度分布是这个的平方.

该函数的图形表明, 在相同的外半径下, 中心最大值比艾里圆盘的中心最大值窄. 环形光圈望远镜在空间分辨率上明显优于"瑞利准则". 然而, 它这样做的代价是在中心最大值周围的环中投入大量的强度, 而增益通常是虚幻的而不是真实的.

6.6 无圆对称解

一般来说, 假设孔径函数可以分解为 $P(r)$ 和 $\Theta(\theta)$, 那么, 正如我们前面看到的,

$$A(\rho, \theta) = \int_0^{+\infty} P(r) \left[\int_0^{2\pi} \Theta(\theta) \, \mathrm{e}^{2\pi i \rho r \cos(\theta - \phi)} \, \mathrm{d}\theta \right] r \mathrm{d}r$$

考虑一组光圈（或天线）在圆周上等距分布的干涉图样. 如果有 N 个. θ 相关函数为

$$\Theta(\theta) = \sum_{n=0}^{N-1} \delta(\theta - 2\pi n/N)$$

r 相关的为

$$P(r) = \delta(r - a)$$

换言之, 辐射源以 $2\pi/N$ 的角度围绕半径 a 的圆等间距分布

那么

$$A(\rho,\theta) = \int_0^{+\infty} r\delta(r-a) \sum_{n=0}^{N-1} e^{2\pi i \rho r \cos(2\pi n/N - \phi)}\, dr$$

$$= a \sum_{n=0}^{N-1} e^{2\pi i \rho a \cos(2\pi n/N - \phi)}$$

这是分析所能做的. 模式 $I(\rho,\phi)$ 可以用这个表达式毫不费力地计算出来, 是解析失败后由计算机解决问题的典型例子. 在 $N=2$ 的特殊情况下产生了熟悉的双光束干涉模式, 包括远处平面上条纹的双曲线形状:

$$A(\rho,\theta) = a\left[e^{2\pi i a \rho \cos\phi} + e^{2\pi i a \rho \cos(\pi - \phi)} \right]$$

$$= 2a\cos(2\pi a \rho \cos\phi)$$

强度模式为

$$I(\rho,\theta) = 4a^2 \cos^2(2\pi a \rho \cos\phi)$$

当 $2a\rho\cos\phi$ 为整数时有极大值. 由于 $\rho = \sin\alpha/\lambda$, 当 $\phi = n\lambda/2a\sin\alpha$ 时出现最大值. 这里 α 是 z 轴和衍射方向之间的角度, ϕ 是方位角（p, q-平面上的角度）, 因此干涉条纹, $I(\rho,\phi)$ 的最大值, 沿着条件 $(2a/\lambda)\sin\alpha\cos\phi =$ 常数定义的方向出现, 也就是说, 在围绕 $\phi = 0$-轴的半角 ϕ 的圆锥体上出现（见图 6.2）. 如果在垂直于 z-轴的平面上

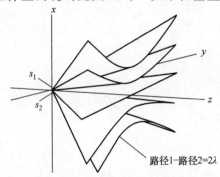

图 6.2　双光束干涉图样中强度最大的圆锥体.
两个干扰源在 x-轴上, 在原点的上方和下方

接收，则显示双曲线形状，但在垂直于 x-轴的平面上（$\phi = 0$-轴：包含两个源的轴），形状将是同心圆.

其他情况，如 $N = 4$，也可以进行分析. 但总的来说，模仿克劳塞维茨（Clausewitz），最好把计算看作用其他方法进行分析的延续.

第 7 章
多维傅里叶变换

物理世界似乎由空间和时间的四个维度组成，其他维度，如电势或温度，偶尔也用于绘制图形．由于这个原因，三维或三维以上的傅里叶变换有时是有用的．这种延伸并不困难，有时比单纯的几何学更能洞察自然界正在发生的事情．本章介绍一些有助于处理多维傅里叶变换的函数和思想．

7.1 狄拉克墙

这被描述为

$$f(x,y) = \delta(x - a)$$

在除了在 $x = a$ 线上，其在任何地方都是零，它是无限的．尽管无限大，但它可以设想为一堵墙，平行于 y-轴，单位高度，如图 7.1 所示．

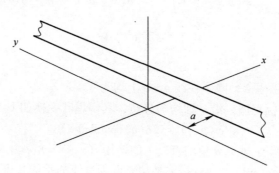

图 7.1　简单的狄拉克墙，$f(x,y) = \delta(x - a)$

其二维傅里叶变换（见图 7.2）如下所示：

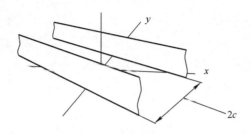

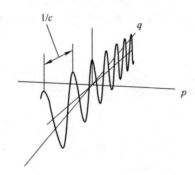

图 7.2　一对狄拉克墙的傅里叶变换

$$\phi(p,q) = C\int_{-\infty}^{+\infty}\int_{-\infty}^{+\infty}\delta(x-a)\,\mathrm{e}^{2\pi ipx}\mathrm{e}^{2\pi iqy}\mathrm{d}x\mathrm{d}y$$

$$= \int_{-\infty}^{+\infty}\mathrm{e}^{2\pi ipa}\mathrm{e}^{2\pi iqy}\mathrm{d}y$$

$$= \mathrm{e}^{2\pi ipa}\delta(q)$$

它有一个复振幅[○]，除了在线 $q=0$ 上均为零.

　　一对狄拉克墙，沿 y 轴均匀分布，其傅里叶变换如下

$$\phi(p,q) = 2\delta(q)\cos(2\pi pa)$$

　　竖立在与 y 轴成 θ 角的直线上的墙用 $f(x,y)=\delta(lx+my-c)$ 来描述，其中 $l=\cos\theta$，$m=\sin\theta$，c 是从原点到直线的垂线长度. δ-函数在

○　在第 1 章提到的意义上，即 δ-函数在每一点上都是无限的，但是它的积分，我们
　　认为是它的"振幅"，是 1.

x，y-平面上除直线外处处为零，其二维傅里叶变换为

$$\phi(p,q) = \int_{-\infty}^{+\infty}\int_{-\infty}^{+\infty} \delta(lx+my-c)\, e^{2\pi ipx}e^{2\pi iqy}\mathrm{d}x\mathrm{d}y$$

先对 y 积分，[○]

$$\phi(p,q) = \frac{1}{m}\int_{-\infty}^{+\infty} e^{2\pi ipx}e^{2\pi iq(c-lx)/m}\mathrm{d}x$$

注意这里的"积分"是用 δ-函数的参数简单地替换指数中的变量.

然后重新排列指数，

$$\phi(p,q) = \frac{1}{m}e^{2\pi iqc/m}\int_{-\infty}^{+\infty} e^{2\pi ix(p-lq/m)}\mathrm{d}x$$
$$= e^{2\pi iqc/m}\delta(mp-lq)$$

除了在 p，q-平面的 $mp-lq=0$ 线上，它都是零.

同样地，y 积分可以先进行，在这种情况下，傅里叶变换为

$$e^{2\pi ipc/l}\delta(mp-lq).$$

相位因子中的周期为 $1/c$，由沿 p，q-空间中 $mp-lq=0$ 线的方向测量. 正如稍后将看到的，我们可以设想沿着这条线有一个一维变量 $u=p/l$ 或 q/m，与 c 共轭，上面的函数则描述了沿着狄拉克墙周期为 $1/c$ 的复正弦曲线. 沿着这条线的一维傅里叶变换将是距离原点 c 的 δ-函数，位于 x，y-空间的点 lc，mc. 这个 δ-函数位于线 $mx-ly=0$ 上.

这里要提到的是，将两个平面叠加，使其中一个平面的 p-轴和 q-轴与另一个平面的 x-轴和 y-轴重合，可以获得更多的洞察. 在这个例子中，狄拉克墙的傅里叶变换位于 p，q-平面上的一条线上，该线垂直于 x，y-平面上的墙.

一对狄拉克墙，均匀地分布在原点的两侧，具有由下式给出的二维傅里叶变换

$$\delta(lx+my-c) + \delta(lx+my+c) \rightleftharpoons \delta(mp-lq)\cdot 2\cos(2\pi qc/m),$$

也就是说，具有正弦变化振幅的狄拉克墙位于线 $mp-lq=0$ 上.

特别注意，在这两个平面的叠加中，函数及其变换在空间位置上

[○]　考虑到第 1 章中的 $\delta(lx+my-c)=(1/m)\delta(y-(c-lx)/m)$.

是相关的，与所选坐标系的方向[⊖]无关．在这个例子中，它们在垂直的狄拉克墙上．

7.2 计算机轴向断层扫描

这些想法的一个特别有用的应用是在计算机横轴扫描断层层析成像中发现的，通常称为 CAT 扫描或 CT 扫描．想象一下，狄拉克墙通过位于 x，y-平面上的二维函数 $F(x,y)$ 作垂直切片（见图 7.3a）．如果墙在线 $lx + my - c = 0$ 上，那么除了线上，其他地方的积都是零．在这条线上有一面狄拉克墙（见图 7.3b），其振幅变化为 $F(x,(c-lx)/m)$．线积分（见图 7.3c）

$$P_l(c) = \int_{-\infty}^{+\infty} F(x,y)\delta(lx + my - c)\,\mathrm{d}s \qquad (7.1)$$

（其中 $\mathrm{d}s$ 是沿 l 定义的方向的线元素）仅依赖于 l 和 c．顺便说一下，$P_l(c)$ 被称为 $F(x,y)$ 的 Radon 变换[⊖]．如前一节所述，它可以想象为距离原点 c 的线 $mx - ly = 0$ 上振幅 $P_l(c)$ 的 δ-函数．以 c 为变量，它成为 c 沿直线的函数，这个函数称为 $F(x,y)$ 在 θ 方向的投影，其中 $\cos\theta = l$．

现在，当 θ 的方向从 0 到 π 旋转时，各种函数 $P_l(c)$ 在 x，y-平面上扫出一个二维函数 $Q(x,y)$．

然而，更有趣的是，这个函数首先是沿着线 $mx - ly = 0$ 对 $P_l(c)$ 进行一维傅里叶变换，c 是在 x，y-平面的变量，u 是其在 p，q-平面的共轭．在 p，q-平面上，傅里叶变换 $\phi_l(u)$ 将位于线 $mp - lq = 0$ 上，其叠加了 x，y-平面上的线 $mx - ly = 0$．当投影方向从 0 变为 π 时，这组傅里叶变换也扫出二维函数 $\Phi(p,q)$（见图 7.3e 中的函数 $\phi_l(u)$）．

我们现在证明了一个显著的事实：$\Phi(p,q)$ 是 $F(x,y)$ 的二维傅里叶变换．

为此，我们首先将 $\delta(lx + my - c)$ 写成一维傅里叶积分，使用 c 作

⊖ 但不是原点的位置．

⊖ 参见 S. R. Deans，Radon 变换及其一些应用，John Wiley，纽约，1983 年．

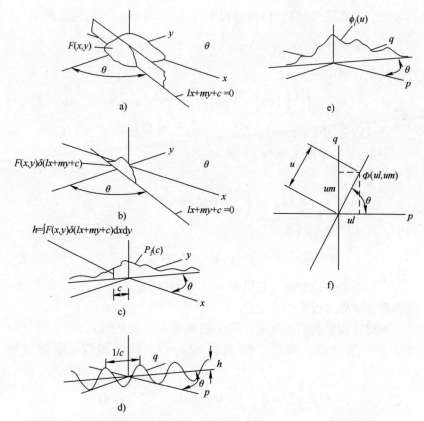

图 7.3　计算机轴向断层扫描的步骤. a) 通过函数 $F(x,y)$ 的狄拉克墙.
b) 沿线 $lx + my + c = 0$ 集成的切片. c) 取函数 $P(c)$ 的一点切片沿直线的积分,
$F(x,y)$ 的 Radon 变换. d) 以 c 为变量, 位于共轭的 p, q-空间中垂直于狄拉克墙的
直线上的点的一维傅里叶变换. e) p, q-空间中 $P(c)$ 的完全一维傅里叶变换
$\phi(u)$. f) 这个函数上的一点, 该函数定义了二维函数 $\Phi(ul, um)$ 的一个点,
$\Phi(ul, um)$ 是原始函数 $F(x,y)$ 的二维傅里叶变换

为 u 的共轭变量:

$$\delta(lx + my - c) = \int_{-\infty}^{+\infty} e^{2\pi i(lx + my - c)u} du$$

$$= \int_{-\infty}^{+\infty} e^{2\pi iu(lx + my)} e^{-2\pi icu} du$$

如果我们把它插入到 $P_l(c)$ 的公式中（式（7.1）），我们会发现

$$P_l(c) = \int_{-\infty}^{+\infty} \int_{-\infty}^{+\infty} F(x,y) \int_{-\infty}^{+\infty} e^{2\pi i u(lx+my)} e^{-2\pi i c u} \, du \, dx \, dy$$

在改变积分顺序时，

$$P_l(c) = \int_{-\infty}^{+\infty} \left(\int_{-\infty}^{+\infty} \int_{-\infty}^{+\infty} F(x,y) e^{2\pi i u(lx+my)} \, dx \, dy \right) e^{-2\pi i c u} \, du$$

括号内是 $\Phi(ul, um)$，$F(x,y)$ 的二维傅里叶变换，注意（见图 7.3e）p，q-平面上有 $ul = p$ 和 $um = q$.

因此

$$P_l(c) = \int_{-\infty}^{+\infty} \Phi(ul, um) e^{-2\pi i c u} \, du$$

其中，对于固定方向 θ，

$$\Phi(ul, um) = \Phi(p, q) = \int_{-\infty}^{+\infty} P_l(c) e^{2\pi i c u} \, dc$$

这仍然是一维变换，它沿着 $mp - lq = 0$ 线定义 $\Phi(p, q)$. 在 Radon 变换理论中称为投影切片定理.

因此，如果我们知道从 0 到 π 的所有方位角 θ 的 $P_l(c)$，并且做一整套一维变换，那么二维函数 $\Phi(p, q)$ 是已知的. 原始函数 $F(x,y)$ 有

$$F(x,y) = \int_{-\infty}^{+\infty} \int_{-\infty}^{+\infty} \Phi(p, q) e^{-2\pi i(px+qy)} \, dp \, dq$$

如果三维物体对 X 射线、可见光或粒子束等辐射部分透明，则可以在穿过它的平面截面上绘制二维吸收系数（α）图. 当单色辐射通过物体时，它会根据比尔定律衰减，比尔定律规定在 x 方向上传输的辐射强度为

$$\frac{\partial I}{\partial x} = -I\alpha,$$

式中，I 是沿透射方向 x 点处的强度，α 是该波长或频率的吸收系数. 该系数取决于吸收材料的性质，如果沿路径的吸收是恒定的，则一维的比尔定律即为形式

$$I(x) = I_0 e^{-\alpha x}.$$

如果 α 在点与点之间变化，则必须取沿传输路径的积分（"线积

分"），且

$$I(x) = I_0 e^{-\int_0^x \alpha(x) \cdot dx},$$

由此得出以下常用的公式：

$$\int_0^x \alpha(x) \cdot dx = \ln(I_0/I(x)),$$

计算机辅助层析成像的功能是在物体的平面切片上绘制 α 的二维图. 注意，如果光源和探测器都在物体的外面，那么 α 的线积分等于

$$\int_{-\infty}^{\infty} \alpha(x) \cdot dx = \ln(I_0/I(x)).$$

考虑一个吸收物体（例如头骨）通过它一束窄的 X 射线可以从一个放射源传输到探测器. 吸收系数 α 的线积分由光源处的强度与探测器处的强度之比的对数表示.

我们现在用这根窄光束作为锯片来"切割"物体的平面部分.

在图 7.3 中，z 轴用于描绘截面中的吸收系数 $\alpha(x,y)$，辐射束沿着线 $lx + my - c = 0$ 定向. 我们用式（7.1）中的 $\alpha(x,y)$ 代替 $F(x,y)$：

$$P_l(c) = \int_{-\infty}^{+\infty} \alpha(x,y) \cdot \delta(lx + my - c) ds$$

当光源和探测器在 x，y-平面上沿垂直于传输方向的方向一起移动时，c 在变化，而 l 是常数. 当光束移动时，它会穿过吸收物体（因此被称为"层析成像"），并且有线积分 $P_l(c)$ 作为 c 的函数（见图 7.3c）的测量.

$P_l(c)$ 的一维傅里叶变换 $\phi_l(u)$，随着投影方向 θ 的改变，映射出二维函数 $\Phi(p,q)$，这些 ϕ-函数在所有方位上的集合，正如我们所见，这就是 $\alpha(x,y)$ 的二维傅里叶变换.

这是计算机轴向断层扫描的中心思想.

不可避免的结论是，假设从 $\theta = 0$ 到 $\theta = 180°$ 的每个方位角 $\theta(\theta = \arccos l)$ 测量 $P_l(c)$，并进行一维傅里叶变换，那么函数 $\Phi(ul, um)$ 在整个 p，q-平面[⊖]上是已知的，$\Phi(ul, um)$ 的逆变换是 $\alpha(x,y)$，原始期望函数：

⊖　或者在光源和探测器的分辨率允许的范围内. 仪器方面的考虑限制了 CAT 扫描仪可访问的空间频率，在 X 射线断层扫描的实践中，只有有限的区域（约 2mm^{-1}）的频率空间（p，q-平面）可用.

$$\alpha(x,y) = \int_{-\infty}^{+\infty}\int_{-\infty}^{+\infty}\Phi(p,q)\cdot e^{-2\pi iqx}e^{-2\pi ipy}dq\cdot dp$$

函数 $\alpha(x,y)$ 表示 X 射线或其他探测辐射束的密度或吸收截面的二维分布，该分布由辐射穿过的材料决定.

这一思想的实际实施[⊖]是多方面的，符合普遍的公共利益. 这个简短的描述忽略了这个想法[⊖]在宇宙学和地球物理学等不同领域的非凡扩展，还必须提到的是，除了傅里叶变换之外，还可以使用其他方法来恢复所需的数据. 几乎没有什么发明比这项发明更值得获得诺贝尔奖.

7.3 "钉子"

这是由一个二维 δ-函数 $\delta(x-a)\delta(y-b)$ 描述的，在 x，y 平面上除点 (a, b) 外的任何地方都为零. 它是 x 的一个函数和 y 的一个函数的乘积，是可分的，它的傅里叶变换是 $e^{2\pi ipa}e^{2\pi iqb}$.

一对这样的钉子，在原点周围均匀分布

$$f(x,y) = \delta(x-a)\delta(y-b) + \delta(x+a)\delta(y+b)$$

它的傅里叶变换是

$$\phi(p,q) = 2\cos[2\pi(pa+qb)]$$

这是瓦楞纸. 恒定相位线（波峰）位于线 $pa+qb$ = 整数上，如图 7.4 所示，叠加时，x，y-平面上连接钉子的线与 p，q 平面上的波峰垂直.

⊖ 1979 年诺贝尔生理学和医学奖授予 G. N. Hounsfield 和 Cormack 发明 CAT 扫描. 由 EMI 制造的 CAT 扫描仪原型于 1971 年在温布尔登的阿特金森莫利医院投入使用.

⊖ 例如，由赫尔曼描述（见参考书目）.

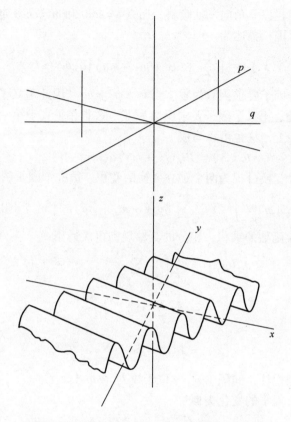

图 7.4　一对在 $\pm(x,y)$ 处的钉子的傅里叶变换

7.4　狄拉克围栏

　　这是一行无限长的等距 δ-函数（栅栏柱）. 当它沿 x 轴运行且立柱间距为 a 时，栅栏为

$$f(x,y) = \Big[\sum_{n=-\infty}^{+\infty} \delta(x-na) \Big] \delta(y) = Ш_a(x)\delta(y)$$

它的傅里叶变换遵循第 1 章中提到的 $Ш$-函数的傅里叶变换，为 $(1/a)$ $Ш_{1/a}(p)$，是一组平行于 q-轴的墙，间距为 $1/a$.

如果围栏以 θ 角向 x 轴倾斜，那么 $l = \sin\theta$ 和 $m = \cos\theta$ 定义了围栏线的方向，围栏描述为

$$f(x,y) = \Big[\sum_{n=-\infty}^{+\infty} \delta(lx + my - na) \Big] \delta(mx - ly)$$

第一个因子要求函数为零，当 $lx + my = na$（因此定义了一组平行墙）时除外；第二个因子要求函数为零，除非在垂直于第一组墙并穿过原点的线上. 这也可以写成

$$f(x,y) = \text{Ш}_a(lx + my) \delta(mx - ly)$$

傅里叶变换可视为两个独立变换的卷积. 第一个因子的变换是

$$\phi_1(p,q) = \int_{-\infty}^{+\infty} \int_{-\infty}^{+\infty} \sum_{n=-\infty}^{+\infty} \delta(lx + my - na) e^{2\pi ipx} e^{2\pi iqy} \mathrm{d}x\mathrm{d}y$$

对于包含 δ-函数的乘积，积分的简单规则再次适用：

$$\phi_1(p,q) = \frac{1}{l} \int_{-\infty}^{+\infty} \sum_{n=-\infty}^{+\infty} e^{2\pi ip(na-my)/l} e^{2\pi iqy} \mathrm{d}y$$

$$= \frac{1}{l} \sum_{n=-\infty}^{+\infty} e^{2\pi ipna/l} \int_{-\infty}^{+\infty} e^{2\pi iy(q-pm/l)} \mathrm{d}y$$

$$= \delta(ql - pm) \sum_{n=-\infty}^{+\infty} e^{2\pi ipna/l}$$

这是一排栅栏柱，间隔 $1/a$[○]，位于线 $lq = mp$ 上.

第二个因子的变化类似：

$$\phi_2(p,q) = \int_{-\infty}^{+\infty} \int_{-\infty}^{+\infty} \delta(mx - ly) e^{2\pi ipx} e^{2\pi iqy} \mathrm{d}x\mathrm{d}y$$

$$= \frac{1}{m} \int_{-\infty}^{+\infty} e^{2\pi ip(ly/m)} e^{2\pi iqy} \mathrm{d}y$$

$$= \delta(lp + mq)$$

它是一个穿过原点的墙，位于线 $lp = -mq$ 上，即当 p，q 平面叠加在 x，y 平面上时垂直于第一个因子的栅栏柱.

这两个因子的卷积 $\phi_1(p,q) ** \phi_2(p,q) = w(p,q)$ 是一个无限系列的平行壁，间隔 $1/a$，位于平行于 $lp = -mq$ 的线上. 在两个空间的叠加上，这些墙垂直于原来的栅栏线.（见图 7.5）

[○] 实际上是线 $ql = pm$ 上的一堵墙和垂直于 p-轴的间距为 a/l 的无限多堵墙的乘积.

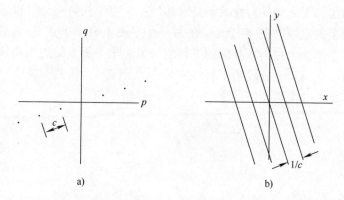

图 7.5 a）一排间距为 c 的栅栏柱和 b）其傅里叶变换，一系列相距 $1/c$ 的平行墙

7.5 "钉床"

现在考虑两个围栏 f_1 和 f_2 的卷积．让每一个都位于一条穿过原点的直线上，夹角为 θ_1 和 θ_2，间距为 a_1 和 a_2．卷积 $f_1 * * f_2$ 是 δ 函数的二维数组，即"钉床"（见图 7.6c）．

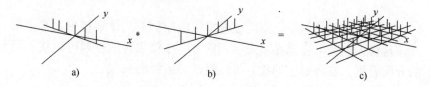

图 7.6 两行栅栏柱 a）和 b）的卷积，形成一个"钉床"c）

这种卷积的傅里叶变换是两种变换的乘积 $w_1 w_2$，每种变换都是一系列平行壁，只有当两个因子都不等于零时乘积才不等于零．这又是一个"钉床"．

有趣的是，从 $f_1 * * f_2$ 到 $w_1 w_2$ 的路径并不是唯一的．二维阵列 $w_1 w_2$ 可能由两个不同的因子组成，两个因子都是平行的墙组，但由不同间距 a'_1 和 a'_2 和不同角度 θ'_1 和 θ'_2 的不同栅栏 f'_1 和 f'_2 转换而成．但是这个新对的卷积产生与以前相同的函数 $f_1 * * f_2$．

两层钉子之间的对应关系是这样的：对应于任何一组可以通过一个平面上的点绘制的平行线，在另一个平面上有一个点[⊖]. 在图 7.7 中，一个平面上由 $1/a$ 分隔的平行线与另一个平面上的点距离 a 相匹配；另一组由 $1/b$ 分隔的平行线对应于点距离 b，依此类推. 整个过程是二维的，类似于结晶学中的"倒易晶格"概念.

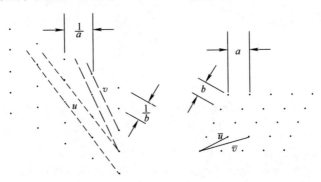

图 7.7　倒易晶格：一层钉子与其傅里叶对之间的对应关系. 这一对并不是唯一的：虚线表示其他可能的狄拉克墙，具有不同的间距，字母 u 和 v 表示狄拉克栅栏的相应方向，这是它们的傅里叶变换. 在右图中，$\bar{u}$ 和 $\bar{v}$ 是 u 和 v 的倒数：墙的窄间距意味着栅栏柱之间的间距更大

有一个熟悉的例子：剧院或电影院的座位有规律地排列，常常错开，这样人们就不会坐在某人的正后方. 座椅靠背的排列可以在不同的方向看到，这些对应的线，可以通过钉床画出来.

7.6　平行面 δ-函数

在三维空间中，函数 $\delta(lx + my + nz)$ 描述了单位振幅的函数，除平面 $lx + my + nz = 0$ 外，振幅为零.

它的三维傅里叶变换是

$$\phi(p,q,r) = \int_{-\infty}^{+\infty} \int_{-\infty}^{+\infty} \int_{-\infty}^{+\infty} \delta(lx + my + nz) e^{2\pi ipx} e^{2\pi iqy} e^{2\pi irz} \mathrm{d}x\mathrm{d}y\mathrm{d}z$$

⊖　实际上是一对点——原点两边各一个.

在 x 积分之后,

$$\phi(p,q,r) = \frac{1}{l} \int_{-\infty}^{+\infty} \int_{-\infty}^{+\infty} e^{2\pi i(p/l)(-my-nz)} e^{2\pi iqy} e^{2\pi irz} \mathrm{d}y\mathrm{d}z$$

$$= \frac{1}{l} \int_{-\infty}^{+\infty} \int_{-\infty}^{+\infty} e^{2\pi iy(q-mp/l)} e^{2\pi iz(r-np/l)} \mathrm{d}y\mathrm{d}z,$$

可分为

$$\frac{1}{l} \int_{-\infty}^{+\infty} e^{2\pi iy(q-mp/l)} \mathrm{d}y \int_{-\infty}^{+\infty} e^{2\pi iz(r-np/l)} \mathrm{d}z,$$

因此

$$\phi(p,q,r) = l\delta(lq-mp)\delta(lr-np).$$

当坐标系叠加时,除线外 $p/l = q/m = r/n$,δ-函数均为零,这是一条穿过原点的线,垂直于 x, y, z 坐标系中的原始平面.

　　这种扩展是直观的:一对平行平面均匀地分布在原点周围,每个平面与原点之间的距离为 a,这对平行平面将具有一条傅里叶变换线,沿着该线,振幅随周期 $1/a$ 正弦变化. 一个无限序列的等间距平行平面将变换为一行等间距的点,这些点沿着一条穿过原点并垂直于平面的线. 这是狄拉克梳状函数的三维版本,但函数在孤立点不等于零.

7.7　点阵列

　　当在三维中进行变换时,当点阵列由三维函数的乘积定义时,这种思想就更加明显了. 例如,$Ш_a(l_1 x + m_1 y + n_1 z)$ 定义了一组平行平面,其上的函数不是零. 平面具有方程 $l_1 x + m_1 y + n_1 z - \lambda a = 0$,其中 l, m, n 是方向余弦,λ 是任意整数,a 是两个相邻平面之间的垂直距离.

　　另外两组平行平面可以类似地由 $Ш_b(l_2 x + m_2 y + n_2 z)$ 和 $Ш_c(l_3 x + m_3 y + n_3 z)$ 定义,点阵列或点阵由这三个函数的乘积定义. 其中一个函数的傅里叶变换很简单:

$$\phi(p,q,r) = \int_{-\infty}^{+\infty} \int_{-\infty}^{+\infty} \int_{-\infty}^{+\infty} \sum_{\lambda=-\infty}^{+\infty} \delta(lx + my + nz - \lambda a) e^{2\pi i(px+qy+rz)} \mathrm{d}x\mathrm{d}y\mathrm{d}z$$

先对 x 积分:

$$\phi(p,q,r) = \frac{1}{l} \sum_{\lambda=-\infty}^{+\infty} \int_{-\infty}^{+\infty} \int_{-\infty}^{+\infty} e^{2\pi i p(\lambda a - nz - my)/l} e^{2\pi i(qy+rz)} \, \mathrm{d}y \mathrm{d}z$$

其中 λ 的求和提供了 III-函数，积分和以前一样，只是将值代入 δ-函数参数使其非零.

积分现在是可分离的：

$$\phi(p,q,r) = \frac{1}{l} \sum_{\lambda=-\infty}^{+\infty} e^{2\pi i p a \lambda/l} \cdot \int_{-\infty}^{+\infty} e^{-2\pi i (\frac{pn}{l}-r)z} \mathrm{d}z \int_{-\infty}^{\infty} e^{-2\pi i (\frac{pm}{l}-q)y} \mathrm{d}y$$

$$= \frac{1}{l} \sum_{\lambda=-\infty}^{+\infty} e^{2\pi i p a \lambda/l} \cdot \frac{1}{n}\delta\left(\frac{p}{l} - \frac{r}{n}\right) \cdot \frac{1}{m}\delta\left(\frac{p}{l} - \frac{q}{m}\right)$$

最后两个因子 δ 函数定义了两个平面. 平面的交点定义了一条线. λ 的求和定义了 p, q, r-空间中格点所在直线上的点.[一]

同样，如果 p, q, r-空间叠加在 x, y, z-空间上，我们发现 $\phi(p, q, r)$ 是一组沿垂直于由 $\delta(lx + my + nz - \lambda a)$ 定义的平面集的线的等距点，并且点之间的间距为 $1/a$.

7.8 晶格

一个完整的三维晶格，由三个平面型 III-函数 $\mathrm{III}_a(lx + my + nz)$ 的乘积描述，它的傅里叶变换是三条等距点线的三维卷积. 这就产生了一个新的晶格——p, q, r-空间中的倒易晶格[二]，它被用于结晶学. 这个倒易晶格上的点定义了 x, y, z-空间中的各种平面，这些平面包含晶格点的二维阵列. 从原点到倒易晶格上的点的直线定义了 x, y, z-空间中相应平面的方向和间距.

这就解决了描述晶体的一个基本问题. 在 x, y, z-空间中定义晶

[一] 通过与前缀"狄拉克"所附的所有其他实体的类比，"狄拉克字符串"的概念可以被提出来描述定义了三维函数 $f(x,y,z)$ 的空间曲线，但要理解除在此曲线上之外，它在任何地方都是零. 例如，$f(x,y,z)\delta(l_1 x + m_1 y + n_1 z)\delta(l_2 x + m_2 y + n_2 z)$ 描述一个除 $x/(n_1 m_2 - n_2 m_1) = y/(l_1 n_2 - l_2 n_1) = z/(l_1 n_2 - l_2 n_1)$ 线以外处处为零的函数.

[二] 例如，H. M. 罗森博格，《固态》，第 3 版，牛津大学出版社，牛津，1988 年.

格的三个 III-函数并不是唯一的可能. 可以使用其他平面集，这样存在无限多的可能性. 倒易晶格中的点唯一地定义了这些平行平面的集合. p，q，r-空间中从原点到这些点的直线（'向量'）垂直于 x，y，z-空间中的晶格平面，每个向量的长度与 x，y，z-空间中平面的间距成反比. p，q，r-空间中晶格点的坐标，当乘以一个因子使它们成为整数时，就是 x，y，z-空间的米勒指数，这是晶体学家所喜爱的.

第8章

复数形式的傅里叶变换

8

在物理学中，我们通常关心实变量的函数，它们通常是实验曲线、数据串或形状和模式. 一般来说，函数是关于 y-轴不对称的，因此它的傅里叶变换是实变量的复函数；也就是说，对于任意 p 值，都定义了一个复数.

任何服从狄利克雷条件的函数都可以分为对称部分和反对称部分. 例如，在图 8.1 中，通常 $f_s(x) = \dfrac{1}{2}[f(x) + f(-x)]$，$f_a(x) = \dfrac{1}{2}[f(x) - f(-x)]$. 对称部分仅由余弦函数合成，反对称部分仅由正弦函数合成. 我们写作：

$$f(x) = f_s(x) + f_a(x); f_s(x) \rightleftharpoons \phi_s(p); f_a(x) \rightleftharpoons \phi_a(p),$$

其中，由余弦函数构成的 $\phi_s(p)$ 是实对称的，而由正弦函数构成的 $\phi_a(p)$ 是虚的，也是反对称的.

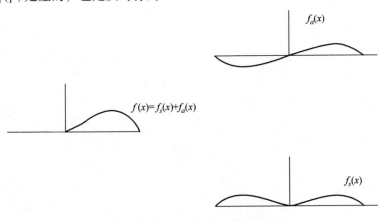

图 8.1　把函数分成对称和反对称两部分

我们还可以定义如下：

（a）$f(x)$ 的相位变换函数 $\theta(p)$，其中

$$\tan\theta(p) = \phi_a(p)/\phi_s(p),$$

（b）幂变换：

$$P(p) = |\phi(p)|^2 = \phi_a(p)^2 + \phi_s(p)^2,$$

（c）模变换：

$$M(p) = |\phi(p)| = \sqrt{\phi_a(p)^2 + \phi_s(p)^2},$$

所有这些都有它们的实际用途，尽管它们都没有唯一的逆变换.

卷积定理的一个有用推论是，如果 $C(x) = f_1(x) * f_2(x)$，$C(x) \rightleftharpoons \Gamma(p)$，则 C，f_1，f_2 的幂变换 $|\Gamma|^2$，$|\phi_1|^2$，$|\phi_2|^2$ 有

$$|\Gamma|^2 = |\phi_1|^2 + |\phi_2|^2.$$

一个简单的例子展示了相位变换的使用. 例如，考虑一个移位的帽顶函数（事实上，任何函数都可以），宽度为 a，侧向移位距离为 b.

这个函数为

$$f(x) = \Pi_a(x) * \delta(x - b),$$

它的傅里叶变换是

$$\phi(p) = a\,\text{sinc}(\pi a p) \cdot e^{2\pi i b p}$$
$$= a\,\text{sinc}(\pi a p)[\cos(2\pi b p) + i\sin(2\pi b p)],$$

它的相位变换是

$$\theta(p) = \tan^{-1}(\sin(2\pi b p)/\cos(2\pi b p)),$$

因此当 $p = 0$ 时，$\theta(p) = 0$，当 $p = 1/b$ 时 $\theta(p) = 2\pi$.

当一个实验测得的函数（应该是对称的）从对称轴偏移了一个未知量时（例如，通过在错误的位置对其采样），相位变换是有用的. 快速计算相位变换上的几个点将找到位移，并允许进行任何调整，或通过插值计算真实的对称样本. 它也证实了函数是对称的（或不是！），因为只有这样它的相位变换才是一条直线.

这是值得讲的，以后考虑计算傅里叶变换时会有用. 由于很容易将 x 或 p 的复函数的实部和虚部分开，然后将它们分成对称部分和反对称部分，因此可以将 p 的两个实函数组合成一个复函数，然后将组合的复傅里叶变换分离成其组成部分. 当计算数字傅里叶变换时这是一个有用的技术：可以构造两个变换，但只需要付出计算

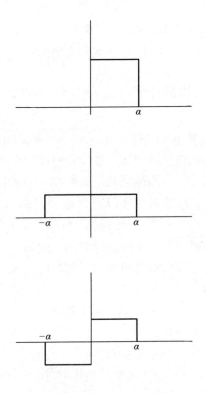

a) 把礼帽分成对称和反对称两部分

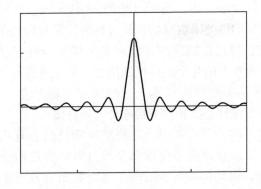

b) 余弦变换

图 8.2　一种帽顶函数，它的宽度是它自身宽度的一半

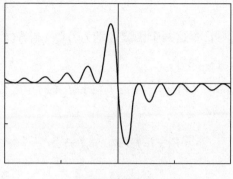

c) 正弦变换

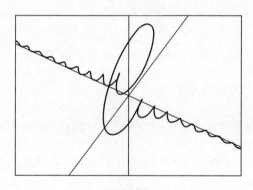

d) 透视变换

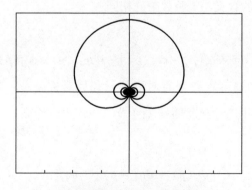

e) 奈奎斯特图——沿着ν-轴的视图

图 8.2　一种帽顶函数，它的宽度是它自身宽度的一半（续）

一次的成本.

以解析方式写,令这两个函数分别为 $f_1(x)$ 和 $f_2(x)$,并将它们分成对称部分和反对称部分:

$$f_1(x) = f_{1s}(x) + f_{1a}(x)\,;\, f_2(x) = f_{2s}(x) + f_{2a}(x)\,,$$

使

$$F(x) = f_1(x) + \mathrm{i}f_2(x)\,,$$

使

$$F(x) \rightleftharpoons \Phi(p)\,,$$

那么

$$\Phi(p) = \int_{-\infty}^{+\infty} \left[f_1(x) + \mathrm{i}f_2(x)\right] \mathrm{e}^{2\pi\mathrm{i}px} \mathrm{d}x.$$

记住对称函数只有余弦变换等.

$$\Phi(p) = \int f_{1s}(x)\cos(2\pi px)\mathrm{d}x + \mathrm{i}\int f_{1a}(x)\sin(2\pi px)\mathrm{d}x +$$

$$\mathrm{i}\int f_{2s}(x)\cos(2\pi px)\mathrm{d}x - \int f_{2a}(x)\sin(2\pi px)\mathrm{d}x$$

$$= \phi_{1s}(p) + \mathrm{i}\phi_{1a}(p) + \mathrm{i}\phi_{2s}(p) - \phi_{2a}(p)$$

其中每个后缀的含义与 f-函数中的相同.

那么

$$\Phi(p) = \left[\phi_{1s}(p) - \phi_{2a}(p)\right] + \mathrm{i}\left[\phi_{1a}(p) + \phi_{2s}(p)\right].$$

$\Phi(p)$ 的实部和虚部现在都有对称分量和反对称分量. 当计算 $\Phi(p)$ 时,它有实部 $\Phi_r(p)$ 和虚部 $\Phi_i(p)$.

对称实部是

$$\frac{1}{2}\left[\Phi_r(p) + \Phi_r(-p)\right] = \phi_{1s}(p)\,,$$

反对称实部是

$$\frac{1}{2}\big[\Phi_r(p) - \Phi_r(-p)\big] = -\phi_{2a}(p),$$

同样地，虚部有

$$\frac{1}{2}\big[\Phi_i(p) - \Phi_i(-p)\big] = \phi_{1a}(p),$$

和

$$\frac{1}{2}\big[\Phi_i(p) + \Phi_i(-p)\big] = \phi_{2s}(p),$$

所以最终有

$$f_1(x) \rightleftharpoons \frac{1}{2}\big[\Phi_r(p) + \Phi_r(-p)\big] + \Big(\frac{i}{2}\Big)\big[\Phi_i(p) - \Phi_i(-p)\big]$$

$$\rightleftharpoons \frac{1}{2}\phi_{1s}(p) + \Big(\frac{i}{2}\Big)\phi_{1a}(p).$$

同样地，

$$f_2(x) \rightleftharpoons \frac{1}{2}\phi_{2s}(p) + \Big(\frac{i}{2}\Big)\phi_{2a}(p).$$

换句话说，$f_1(x)$ 的傅里叶变换是 $\frac{1}{2} \times$（$\Phi(p)$ 实部的对称部分加上 $i \times$ $\Phi(p)$ 虚部的反对称部分），$f_2(x)$ 的傅里叶变换是 $\frac{1}{2} \times$（虚部的对称部分加上 $i \times$ 实部的反对称部分）. 我们用计算机可以毫不费力地把这些分类了！

注意，所有带有后缀的 $F's$，$\Phi's$，$f's$ 和 $\phi's$ 都是实数. 这是因为计算机最终处理的是实数，尽管它的程序可能包含复杂的算术. 在讨论分析傅里叶变换时，通常不会遇到这种复杂程度. 然而，无论你喜欢与否，计算算法都会计算复变换，当你知道数据只代表实函数时，可以利用上面的关系来缩短计算时间.

从图表上看，这个过程可以表述为

$$f_{1s}(x) \leftarrow \cos \rightarrow \phi_{1s}(p),$$

$$f_{1a} \leftarrow \text{isin} \rightarrow i\phi_{1a},$$

$$if_{2s} \leftarrow \cos \rightarrow i\phi_{2s},$$

$$if_{2a} \leftarrow \text{isin} \rightarrow -\phi_{2a}.$$

如果函数的实部是对称的，虚部是反对称的，则称函数为埃尔米特函数. 如果 $f_1(x)$ 是对称的，$f_2(x)$ 是反对称的，那么 $\phi_{1a} \equiv 0$ 和 $\phi_{2s} \equiv 0$. 那么

$$\Phi(p) = \phi_{1s}(p) + \phi_{2a}(p)$$

而且是实的. 或者，实的但非对称函数的傅里叶变换是埃尔米特变换：

$$f_1(x) \rightleftharpoons \phi_{1s}(p) + i\phi_{1a}(p)$$

9

第 9 章
离散和数字傅里叶变换

9.1 历史

　　傅里叶变换形式上是一种利用积分的解析过程. 然而, 在实验物理和工程中, 被积函数可能是一组实验数据, 而积分必然是人为的. 由于需要一个单独的积分来给出变换函数的每一个点, 如果手动尝试, 那么这个过程将变得非常乏味, 何况我们已经发明了许多巧妙的装置来执行机械、电气、声学和光学的傅里叶变换. 随着数字计算机的到来, 尤其是 "快速傅里叶变换" (fast Fourier transform, 简称 FFT) 算法的发现或发明以来, 手动计算已经成为历史的一部分. 使用这种算法, 数据被放入 (或读入) 一个文件 (或数组, 取决于所使用的计算机术语), 执行变换, 然后文件 (或数组) 包含变换函数的点. 这个过程可以通过程序实现, 也可以通过专门构建的集成电路实现. 它可以很快地完成, 这样带有傅里叶变换器的振动敏感仪器就可以用来调谐钢琴和发动机, 用于飞机和潜艇探测等. 千万不要忘记, 耳朵是天然的傅里叶变换器○, 例如, 钢琴调音专家的耳朵, 可能相当于 20~20000Hz 范围内的任何电子模拟器. 衍射光栅也是一种无源傅里叶变换器件。它能充分利用输出的同时性, 从而可以作为摄谱仪使用.

　　快速傅里叶变换的历史是复杂的, 布里格姆○已经对它进行了研究, 而且, 正如许多发现和发明一样, 它在 (计算机) 世界准备好之

○ 它检测功率变换, 对相位不敏感.

○ E. O. Brigham, 快速傅里叶变换, 普伦蒂斯大厅, 恩格伍德悬崖, 新泽西州, 1974 年.

前就到来了. 1965 年，随着 "Cooley-Tukey" 算法[⊖]的发布，FFT 的数字神化出现了. 从那时起，除了某些特殊情况外，其他方法几乎被放弃，本章描述了 FFT 的基本原理以及它在实践中的应用.

9.2 离散傅里叶变换

有一对公式，数据 $a(n)$ 和 $A(m)$ 的集合（每组有 N 个元素）通过这一对公式，可以相互转换：

$$A(m) = \frac{1}{N}\sum_{n=0}^{N-1}a(n)\mathrm{e}^{2\pi inm/N}; \ a(n) = \sum_{n=0}^{N-1}A(m)\mathrm{e}^{-2\pi inm/N} \quad (9.1)$$

在外观和功能上，式（9.1）非常类似于解析傅里叶变换的公式，通常被称为 "离散傅里叶变换"（Discrete Fourier Transform，简称 DFT）. 它们可以通过以下参数与真正的傅里叶变换相关联.

通常假设 $f(x)$ 和 $\phi(p)$ 是傅里叶对. 如果 $f(x)$ 乘以周期 a 的 III-函数，则傅里叶变换变为

$$\Phi(p) = \int_{-\infty}^{+\infty}f(x)\,III_a(x)\,\mathrm{e}^{2\pi ipx}\mathrm{d}x = (1/a)[\phi(p) * III_{1/a}(p)].$$

现在假设 $f(x)$ 对于极限 $-a/2 \to (N-1/2)a$ 之外的所有 x 都是可忽略的小，那么狄拉克梳状函数中有 N 个齿，$f(x)$ 在 a 的范围 $\leq Na$ 内延拓. 我们重写积分并利用 δ-函数的性质

$$\Phi(p) = \int_{-\infty}^{+\infty}\sum_{n=-\infty}^{+\infty}f(x)\mathrm{e}^{2\pi ipx}\delta(x-na)\mathrm{d}x$$

$$= \sum_{n=-\infty}^{+\infty}\int_{-\infty}^{+\infty}f(x)\mathrm{e}^{2\pi ipx}\delta(x-na)\mathrm{d}x.$$

由于梳状函数中只有 N 个齿，所以和是有限的，积分意味着像往常一样替换 δ-函数的参数.

⊖ J. W. Cooley & J. W. Tukey，"复傅里叶级数的机器计算算法"，数学. 计算 19（1965 年 4 月），297-301.

$$\Phi(p) = \sum_{n=0}^{N-1} f(na) \, \mathrm{e}^{2\pi \mathrm{i}}$$

$$= (1/a)\big[\phi(p) * \text{III}_{1/a}(p)\big]$$

这在 p 中是周期性的, 周期为 $1/a$, 可以写为

$$\Phi(p) = (1/a)\big[\phi(p) * \text{III}_{1/a}(p)\big]$$

$$= (1/a)\big[\phi(p) + \phi(p+1/a) + \phi(p-1/a) +$$

$$\phi(p+2/a) + \phi(p-2/a) + \cdots\big]$$

在第一周期 $\Phi(p)$ 与解析函数 $(1/a)\phi(p)$ 相同.

现在考虑 p 的 n 个小间隔, 每个间隔宽度为 $1/(Na)$. 在第 m 个这样的间隔, 方程变成

$$\Phi(m/(Na)) = \sum_{n=0}^{N-1} f(na) \, \mathrm{e}^{2\pi \mathrm{i} n a (m/(Na))} = (1/a)\phi(m/(Na)),$$

或者, 更简洁地说

$$\sum_{n=0}^{N-1} f(n) \, \mathrm{e}^{2\pi \mathrm{i} n m / N} = (1/a)\phi(m).$$

这近似于解析傅里叶变换. 近似方法是在其第一个周期中, 周期的 $\Phi(p) = \phi(p)$. 理论上并非如此, 因为 $\phi(p)$ 不为零, 所以必然会有一些重叠, 但实际上这种差异可以忽略不计.⊖

$f(x)$ 选择间隔 $-a/2 \to (N-1/2)a$, 是为了在狄拉克梳状函数中正好有 N 个齿, 而不必尴尬地在最边缘有齿——例如, 在最上面的帽顶函数从 1 变为 0 的情况下. 理论上, 任何相同长度的间隔都是可以的.

9.3　DFT 的矩阵形式

观察离散傅里叶变换公式的一种方法是将其设置为矩阵运算. 数据集 $[a(n)]$ 可以写成列矩阵或向量 (在 N 维空间中), 与所包含所有

⊖　函数及其傅里叶对在范围上不可能都是有限的 (至少一个必须扩展到 $\pm\infty$), 但与感兴趣区域中的值相比, 两者都很小的条件是允许的.

指数的方阵相乘, 得到另一个包含 N 个分量的列矩阵$[A(m)]$, 其结果是:

$$
\begin{pmatrix}
A(0) \\
A(1) \\
A(2) \\
\vdots \\
A(N-1)
\end{pmatrix}
=
\begin{pmatrix}
1 & 1 & 1 & \cdots & 1 \\
1 & e^{2\pi i/N} & e^{4\pi i/N} & \cdots & e^{2(N-1)\pi i/N} \\
1 & e^{4\pi i/N} & e^{8\pi i/N} & \cdots & e^{4(N-1)\pi i/N} \\
\vdots & \vdots & \vdots & & \vdots \\
1 & \cdots & \cdots & \cdots & e^{(N-1)^2\pi i/N}
\end{pmatrix}
\begin{pmatrix}
a(0) \\
a(1) \\
a(2) \\
\vdots \\
a(N-1)
\end{pmatrix}
$$

矩阵乘法的过程需要 n^2 次乘法才能完成. 如果要处理大量数据, 这可能会变得过大, 即使对计算机也是如此. 有些人偶尔喜欢处理 10^6 个数字的数据列, 但通常实验者只能处理 1024 个数字, 尽管它们通常是在几微秒内进行转换.

快速傅里叶变换的秘密在于它将要进行的乘法次数从 N^2 减少到 $2N\log_2(N)$. 一个数据 "向量" 有 10^6 个数字长, 然后需要进行 4.2×10^7 次乘法运算而不是 10^{12}, 速度增益约为 26200 倍. 在 2010 年, 台式计算机的计算时间从 2 分钟缩短到了几微秒.

快速傅里叶变换本质上是将指数矩阵分解, 但是有更简单的方法来观察这个过程. 例如, 假设向量中的分量数 N 是两个数 k 和 l 的乘积. 代替在向量中写每个数字的位置来表示它的位置 ($0, \cdots, N-1$), 可以给它两个变量 s 和 t, 写为 $a(s,t)$, 有 $a(s,t) = a(sk+t)$, 其中 s 取 0 到 $(l-1)$ 的值, t 从 0 到 $(k-1)$. 以这种方式标记向量中的所有数字, 但现在有两个后缀而不是一个. 除了为了计算的目的, 这样做是毫无意义的: 这纯粹是一种计算机数学操作, 而且会让计算机时代前的数学家觉得可笑. 然而, 我们现在把数字变换写成

$$
A(u,v) = \sum_{s=0}^{l-1} \sum_{t=0}^{k-1} a(s,t) e^{2\pi i (sk+t)(ul+v)/kl},
$$

其中, 变换向量中的后缀 m 类似地被分解为 u 和 v, 其中 $m = ul + v$. 后缀 u 从 0 到 $(k-1)$, v 从 0 到 $(l-1)$.

现在将指数相乘, 有

$$A(u,v) = \sum_{s=0}^{l-1} \sum_{t=0}^{k-1} a(s,t)\, e^{2\pi isu}\, e^{2\pi isv/l}\, e^{2\pi itu/k}\, e^{2\pi ivt/(kl)}.$$

第一个指数因子是 1，被丢弃．现在可以将双和重写为

$$A(u,v) = \sum_{t=0}^{l-1} e^{2\pi itu/k}\, e^{2\pi ivt/(kl)} \sum_{s=0}^{k-1} a(s,t)\, e^{2\pi isv/l}.$$

这是合理的，因为只有最后一个指数包含因子 s．
k 项上的和给出了一个新的数组 $[g(v,t)]$，我们写为

$$A(u,v) = \sum_{t=0}^{l-1} \left[g(v,t)\, e^{2\pi ivt/(kl)} \right] e^{2\pi itu/k}.$$

数组 $[g(v,t)]$ 乘以 $e^{2\pi ivt/(kl)}$ 得到一个数组 $[g'(v,t)]$，最后得到和

$$g''(v,u) = \sum_{t=0}^{l-1} g'(v,t)\, e^{2\pi itu/k}.$$

且 $g''(v,u) = A(u,v)$．（v 和 u 的顺序颠倒很重要）

变换分为两个阶段．首先是 k 变换，每个长为 l，然后由指数因子 $e^{2\pi ivt/(kl)}$（旋转因子）进行 N 次乘法；接着是 l 变换，每个长为 k．这样变换总共有 $kl^2 + lk^2 = N(k+l)$ 次乘法，除了中间的乘法（乘 $e^{2\pi ivt/(kl)}$）相对较少（N）．

经验是，如果 N 可以分解，向量 $[a(n)]$ 可以转化为一个 $k \times l$ 矩阵，并将一列一列地处理为一组较短的变换．例如，如果因子为 2，则偶数的 a 可以放入长度为 $N/2$ 的一个向量中，奇数的 a 可以放入另一个向量中．然后每一个都要经过一半长度的傅里叶变换，得到另外两个向量，这些向量在乘以上面的"旋转因子"之后，可以重新组合成一个长度为 N 的向量．

同样的过程可以重复，前提是 $N/2$ 可以被分解；如果因子总是 2，它将继续，直到只剩下 2×2 的矩阵，使用简单的傅里叶变换（和多重旋转因子！）．有趣的是，变换后的向量中的每个数字的地址都是按位倒序排列的．在前面给出的示例中，最终结果是 $g''(v,u)$，因此必须反转这两个因子——数字 $g''(v,u)$ 在数组中的错误位置．在 2^N 变换中这种效应会成倍增加，变换后的数据出现在错误的地址中，真正的地址是表观地址的位反转顺序．

因此，快速傅里叶变换通常以 2^N 进行. 这不仅在计算时间方面非常有效，而且非常适合数字计算机的二进制算法. Brigham[⊖]给出了程序编写方式的细节，并在本章末尾给出了 FFT 例程的基本列表. 有许多这样的例程（许多小时的研究结果），有时它们是非常有效的. 这不是特别快，但它们既能满足实践需要，又能满足学生实验室工作的需要.

这个程序的数据文件必须是 2048 个字长（1024 个复数，实数和虚数交替），如果只转换实数数据，它们应该放在数组的偶数元素中，从 0 到 2046. 需要注意：零频率位于数组元素 0 处. 例如，如果要对 sinc-函数进行傅里叶变换，函数的正部分应位于数组的开头，负部分应位于数组的结尾. 图 9.1 说明了这一点：输出将类似地包含元素 0 中的零频率值，因此帽顶似乎在开始和结束之间分开.

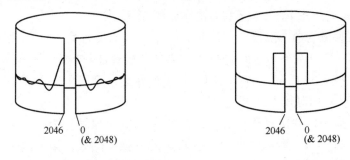

图 9.1　以 sinc-函数实现 FFT 为例. 展开的两个圆柱体表示输入和输出数据数组. 不要期望零在中间，就像傅里叶变换的解析例子那样. 如果输入数据围绕中心对称，那么在进行 FFT 之前和之后，必须交换这两半数据（整体交换，而不是镜像）

或者可以安排在数组中的 1024 点处具有零频率，在这种情况下，输入和输出数组必须通过在 FFT 完成之前和之后交换第一和第二部分（但不翻转）来进行转置.

⊖　E. O. Brigham，快速傅里叶变换，普伦蒂斯大厅，恩格伍德悬崖，新泽西州，1974 年.

注意这些细节可以避免很多混乱！它有助于将阵列视为缠绕在圆柱体上，阵列的开始频率为零，结束频率为点（−1），而不是（+1023）.

9.3.1　二维 FFTs

二维变换可以使用相同的例程来完成. 数据是在一个矩形阵列的"像素"形成的图片，这是要被转换的. 每一行首先应该有它的左右两半互换，然后每列的上半部分和下半部分必须互换，这样图片中间的一个圆就变成了四个象限，每个角一个. 接着对每一行进行 FFT 处理. 结果数组中的每一列都得到相同的结果. 最后行和列被再次转置，以得到完整的 FFT. 在这一阶段，周期性特征（如电视光栅）将以狄拉克钉床的形式出现（前提是原始图片已经足够频繁地采样），并且可以通过改变它们出现的像素的内容来抑制. 然后将整个过程颠倒过来，给出完整的"干净"画面.

变迹功能同样可以用于去除虚假信息、平滑边缘和改善图片的外观.

显然，已经开发出比这更为精细的技术，但这是整个过程的基础.

输出可以用一种简单的方式给出幂、相位或模变换，并且数据可以用简单的例程以图形方式表示，这里不再描述.

9.4　一个 FFT 的 BASIC 例程

FFT 例程可以从网上定期下载，这样就可以将观测或实验数据加载到其中，拉动手柄，像魔术一样，输出傅里叶变换. 然而，有许多人喜欢在更基本的层次上进入计算，将他们自己的 FFT 程序加载到一个 BASIC、FORTRAN 或 C++ 程序中，并进行实验. 指令之间的翻译相对简单，因此我删除了以前版本中给出的部分 BASIC 例程.

9.4.1　1024 个复数的例行程序

下面的清单是 1024 个复数的快速傅里叶变换的一个简单的 BASIC

例程○. 这是一个可以合并到一个程序中的例程，您也可以自己编写.

要转换的数据放在一个数组 D(I) 中，在程序开头将它声明为 "DIM D（2047）". 实部在偶数的地方，从 0 开始，虚部在奇数的地方. 变换后的数据在同一数组中类似地找到. 对于直接变换，变量 G 应设置为 1，对于逆变换，应设置为 –1. 要输入到 D(I) 数组中的数字应为 ASCII 格式. 该程序应该用数据填充 D(I) 数组；用 "GOSUB 100" 语句（第 10 行的 "RETURN" 是最后一个语句）作为例程调用 FFT，然后可以使用显示数据的指令.

在变换前后合并一个例程来变换 D(I) 数组的两半是非常值得的，这有助于理解正在发生的事情.

```
100   N = 2048            1024 个复点的变换.
      PRINT "BEGIN FFT"
      J = 1
      G = 1               直接变换. G = –1 为逆变换
      FOR I = 1 TO N STEP 2
      IF(I – J) < 0 GOTO 1
      IF I = J GOTO 2
      IF(I – J) > 0 GOTO 2
1     T = D(J – 1)
      S = D(J)
      D(J – 1) = D(I – 1)
      D(J) = D(I)
      D(I – 1) = T
      D(I) = S
2     M = N/2
3     IF(J – M) < 0 GOTO 5
      IF J = M GOTO 5
      IF(J – M) > 0 GOTO 4
4     J = J – M
```

○ 但是 *N* 可以通过改变程序的第一行来改变.

```
         M = M/2
         IF(M - 2) < 0 GOTO 5
         IF M = 2 GOTO 3
         IF(M - 2) > 0 GOTO 3
5        J = J + M
         NEXT I
         X = 2
         IF(X - N) < 0 GOTO 7
6        IF X = N GOTO 8
         IF(X - N) > 0 GOTO 8
7        F = 2 * X
         H = 6.28319/(G * X)
         R = SIN(H/2)
         W = - 2 * R * R
         V = SIN(H)
         P = 1
         Q = 0
         FOR M = 1 TO X STEP 2
         FOR I = M TO N STEP F
         J = I + X
         T = P * D(J - 1) - Q * D(J)
         S = P * D(J) + Q * D(J - 1)
         D(J - 1) = D(I - 1) - T
         D(J) = D(I) - S
         D(I - 1) = D(I - 1) + T
         D(I) = D(I) + S
         NEXT I
         T = P
         P = P * W - Q * V + P
         Q = Q * W + T * V + Q
```

```
         NEXT M
         X = F
         GOTO 6
8        CLS
         FOR I = 0 TO N − 1
         D(I) = D(I)/(SQR(N/2))
         NEXT I
         PRINT "FFT DONE"
10       RETURN
```

接下来，这里有一个简短的程序来生成一个扩展名为 . DAT 的文件，它将包含一个任意宽度的帽顶函数. 数据以 ASCII 格式生成，可以直接与上面的 FFT 程序一起使用.

```
REM Program to generate a "Top-hat" function.
INPUT "input desired file name", A $
INPUT 'Top-hat Half-width ?', N
PID = 3. 141 592 654
DIM B(2047)
FOR I = 1024 − N TO 1024 + N STEP 2
B(I) = 1/(2 ∗ N)
NEXT I
C $ = ". DAT"
C $ = A $ + C $
PRINT
OPEN C $ FOR OUTPUT AS #1
FOR I = 0 TO 2047
PRINT #1,B(I)
NEXT I
CLOSE #1
```

显然，第 6~8 行中简单的文件生成算法可以被其他算法所取代，这种"实验"对理解 FFT 过程有很大帮助.

这样生成的文件可以通过以下方式读入 FFT 程序：

```
REM Subroutine FILELOAD
REM To open a file and load contents into D(I)
GOSUB 24
(在此处插入程序的下一阶段,如"GOSUB 100")
CLS:LOCATE 10,26,0
PRINT "NAME OF DATA FILE ?"
LOCATE 14,26,0
INPUT A $
ON ERROR GOTO 35
OPEN "I",#1,A $
FOR I = 0 TO 2047
ON ERROR GOTO 35
INPUT #1,D(I)
NEXT I
CLOSE
35   RETURN
```

F

A.1　帕塞瓦尔定理和瑞利定理

帕塞瓦尔定理指出

$$\int_{-\infty}^{+\infty} f(x)g^*(x)\,\mathrm{d}x = \int_{-\infty}^{+\infty} F(p)G^*(p)\,\mathrm{d}p.$$

其证明基于这样一个事实

$$g(x) = \int_{-\infty}^{+\infty} G(p)\,\mathrm{e}^{2\pi ipx}\,\mathrm{d}p,$$

那么

$$g^*(x) = \int_{-\infty}^{+\infty} G^*(p)\,\mathrm{e}^{-2\pi ipx}\,\mathrm{d}p,$$

(简单地说就是把所有的东西都复合起来).

接下来就是

$$G^*(p) = \int_{-\infty}^{+\infty} g^*(x)\,\mathrm{e}^{2\pi ipx}\,\mathrm{d}x,$$

定理左侧积分的参数现在可以写成

$$f(x)g^*(x) = \int_{-\infty}^{+\infty} F(q)\,\mathrm{e}^{2\pi iqx}\,\mathrm{d}q \int_{-\infty}^{+\infty} G^*(p)\,\mathrm{e}^{-2\pi ipx}\,\mathrm{d}p,$$

对两边进行 x 积分, 如果仔细选择积分的顺序, 我们会发现

$$\int_{-\infty}^{+\infty} f(x)g^*(x)\,\mathrm{d}x = \int_{-\infty}^{+\infty}\left\{\int_{-\infty}^{+\infty} F(q)\left[\int_{-\infty}^{+\infty} G^*(p)\,\mathrm{e}^{-2\pi ipx}\,\mathrm{d}p\right]\mathrm{e}^{2\pi iqx}\,\mathrm{d}q\right\}\mathrm{d}x.$$

在改变积分顺序时,

$$= \int_{-\infty}^{+\infty}\left[F(q)\int_{-\infty}^{+\infty} g^*(x)\,\mathrm{e}^{2\pi iqx}\,\mathrm{d}x\right]\mathrm{d}q$$

$$= \int_{-\infty}^{+\infty} F(q)G^*(q)\,\mathrm{d}q.$$

这个定理通常以简化形式出现，当 $g(x)=f(x)$ 和 $G(p)=F(p)$ 时，有

$$\int_{-\infty}^{+\infty}|f(x)|^2\mathrm{d}x = \int_{-\infty}^{+\infty}|F(p)|^2\mathrm{d}p.$$

这就是瑞利定理.

帕塞瓦尔定理的另一个版本涉及傅里叶级数的系数. 也就是说，一个周期内 $F(t)$ 的平方的平均值是该系列所有系数的平方和.

使用半量程系列的证明很简单：

$$F(t) = \frac{A_0}{2} + \sum_0^{+\infty} A_n\cos\left(\frac{2\pi nt}{T}\right) + B_n\sin\left(\frac{2\pi nt}{T}\right),$$

而且，由所有的交叉积在积分中消失，且

$$\int_0^T\cos^2(2\pi nt)\mathrm{d}t = \int_0^T\sin^2(2\pi nt)\mathrm{d}t = \frac{1}{2},$$

有

$$\int_0^T|F(t)|^2\mathrm{d}t = T\left(\frac{A_0^2}{4} + \sum_1^{+\infty}\frac{A_n^2+B_n^2}{2}\right).$$

A.2　贝塞尔函数理论的两个常用公式

1. 雅可比展开

$$\mathrm{e}^{\mathrm{i}x\cos y} = J_0(x) + 2\sum_{n=1}^{+\infty}\mathrm{i}^n J_n(x)\cos(ny),$$

$$\mathrm{e}^{\mathrm{i}x\sin y} = \sum_{z=-\infty}^{+\infty}J_z(x)\mathrm{e}^{\mathrm{i}zy}.$$

积分展开式为

$$J_0(2\pi\rho r) = \frac{1}{2\pi}\int_0^{2\pi}\mathrm{e}^{2\pi\mathrm{i}\rho r\cos\theta}\mathrm{d}\theta,$$

这是一般公式的一个特例

$$J_n(x) = \frac{\mathrm{i}^{-n}}{2\pi}\int_0^{2\pi}\mathrm{e}^{\mathrm{i}n\theta}\mathrm{e}^{\mathrm{i}x\cos\theta}\mathrm{d}\theta,$$

$$\frac{\mathrm{d}}{\mathrm{d}x}(x^{n+1}J_{n+1}(x)) = x^{n+1}J_n(x).$$

2. 汉克尔变换

汉克尔变换类似于傅里叶变换，但使用极坐 r, θ. 贝塞尔函数形成了一组正交性质类似于三角函数的集合，并且有类似的反演公式. 这些是

$$F(x) = \int_0^{+\infty} pf(p) J_n(px) \,\mathrm{d}p,$$

$$f(p) = \int_0^{+\infty} xF(x) J_n(px) \,\mathrm{d}x.$$

其中 J_n 是任意阶的贝塞尔函数.

贝塞尔函数在许多方面类似于三角函数中的正弦函数和余弦函数. 正如正弦函数和余弦函数是 SHM 等式 $\mathrm{d}^2 y/\mathrm{d}x^2 + k^2 y = 0$ 的解一样，它们是贝塞尔方程的解，即

$$x^2 \frac{\mathrm{d}^2 y}{\mathrm{d}x^2} + x \frac{\mathrm{d}y}{\mathrm{d}x} + (x^2 - n^2)y = 0.$$

在它的全盛时期，n 不必是整数，x 和 n 也不必是实的. 这些函数在各种书籍[⊖]中列出了实数 x、整数和半整数 n 的函数表，并且可以用计算机进行数值计算，像计算正弦函数和余弦函数一样.

在它的简单形式中，如图所示，当拉普拉斯方程在柱极坐标中求解时，汉克尔变换以 θ 为变量进行，变量被分离得到函数 $R(r)\Theta(\theta)\Phi(\phi)$，这就是为什么它在具有圆对称性的傅里叶变换中被证明是有用的.

A.3 傅里叶级数系数到复指数形式的转换

我们用棣莫弗定理来做转换. 把 $2\pi\nu_0 t$ 写成 θ. 然后，用半幅级数表示，$F(t)$ 变成

$$F(t) = A_0/2 + \sum_{m=1}^{+\infty} A_m \cos(m\theta) + B_m \sin(m\theta).$$

⊖ 例如，在 Jahnke&Emde 中（见参考文献）.

这也可以写成全系列形式:

$$F(t) = \sum_{m=-\infty}^{+\infty} a_m \cos(m\theta) + b_m \sin(m\theta).$$

其中 $A_m = a_m + a_{-m}$, $B_m = b_m - b_{-m}$.

然后, 借助于棣莫弗定理, 全域级数变成

$$F(t) = \sum_{m=-\infty}^{+\infty} \frac{a_m}{2}(e^{im\theta} + e^{-im\theta}) + \frac{b_m}{2i}(e^{im\theta} - e^{-im\theta})$$

$$= \sum_{m=-\infty}^{+\infty} \frac{a_m - ib_m}{2}e^{im\theta} + \sum_{m=-\infty}^{+\infty} \frac{a_m + ib_m}{2}e^{-im\theta}.$$

上式中的两个和是独立的, m 是一个伪后缀, 这意味着它可以被任何其他尚未使用的后缀所取代. 这里, 我们在上式第二个和中替换 $m = -m$. 有

$$F(t) = \sum_{m=-\infty}^{+\infty} \frac{a_m - ib_m}{2}e^{im\theta} + \sum_{m=-\infty}^{+\infty} \frac{a_{-m} + ib_{-m}}{2}e^{im\theta}$$

$$= \sum_{m=-\infty}^{+\infty} e^{im\theta}\left(\frac{A_m - iB_m}{2}\right)$$

$$= \sum_{m=-\infty}^{+\infty} e^{im\theta} C_m$$

且 $C_{-m} = C_m^*$

参 考 文 献

关于傅里叶理论实际应用的最受欢迎的书无疑是 Champeney 和 Bracewell 的书，它们比这里更全面、更详细地介绍了当前的情况. F. Oran Brigham 关于快速傅里叶变换（FFT）的书，是第 9 章中讨论的主题的经典著作.

在更多的理论著作中，被奉为"圣经"的是 Titchmarsh 的著作，但更具可读性（和娱乐性）的是 Korner 的著作. Whittaker 的著作（不要与多产的 E. T. Whittaker 混淆）是一部专门研究插值的著作，但这是一门越来越重要的学科，特别是在计算机图形学中.

许多关于量子力学、原子物理和电子工程的作家喜欢在书中加入有关傅里叶理论的早期章节. 个别的（应该是无名的）会弄错！他们混淆了 ω 和 ν，或者在应该有的时候忽略了 2π，或者类似的东西. 下面所列的书籍，是非常值得参考的.

Abramowitz, M. & Stegun, I. A. *Handbook of Mathematical Functions*. Dover, New York. 1965

下述 Jahnke & Emde 有更新的版本.

Bracewell, R. N. *The Fourier Transform and its Applications*. McGraw-Hill, New York. 1965

这是关于这个主题的两本最受欢迎的书之一. 在范围上与本书相似，但更深入和全面.

Brigham, E. O. *The Fast Fourier Transform*. Prentice Hall, New York. 1974

数字傅里叶变换及其在各种 FFT 程序中的实现的权威著作.

Champeney, D. C. *Fourier Transforms and Their Physical Applications*. Academic Press, London & New York. 1973

与 Bracewell 一样，这是两本最流行的实用傅里叶变换书籍之一. 涵盖了相似的领域，但在细节上有所不同.

Champeney, D. C. *A Handbook of Fourier Theorems*. Cambridge University Press, Cambridge. 1987

Herman, G. T. *Image Reconstruction from Projections*. Academic Press, London & New York. 1980

包括计算机断层扫描的傅里叶方法的细节，包括理论和应用.

Jahnke, E. & Emde, F. *Tables of Functions with Formulae and Curves*. Dover, New

York. 1943

关于数学物理函数的经典著作，包括贝塞尔函数、勒让德多项式、球谐函数等的图表和表格.

Körner, T. W. *Fourier Analysis*. Cambridge University Press, Cambridge. 1988

一部更深入和有趣地分析傅里叶理论的著作，但有大量的物理应用：比较贵，但坚定地推荐给认真的学生.

Titchmarsh, E. C. *An Introduction to the Theory of Fourier Integrals*. Clarendon Press, Oxford. 1962

理论家在傅里叶理论上的权威著作. 对普通人来说不必要的困难，但偶尔需要查阅.

Watson, G. N. *A Treatise of the Theory of Bessel Functions*. Cambridge University Press, Cambridge. 1962

另一部伟大的理论经典：主要是为那些有他们无法求解的方程的人提供参考，这些方程很可能涉及贝塞尔函数.

Whittaker, J. M. *Interpolary Function Theory*. Cambridge University Press, Cambridge. 1935

处理采样定理和带限曲线采样点间插值问题的一本小册子.

Wolf, E. *Introduction to the Theory of Coherence and Polarization of Light*. Cambridge University Press, Cambridge. 2007

在第 3 章中给出了更多关于材料的细节，特别是关于一致性和 Van-Cittert-Zernike 定理的.

北京市版权局著作权合同登记 图字 01-2018-7052 号。

图书在版编目 (CIP) 数据

大学生理工专题导读. 傅里叶变换及应用/(美)
J. F. 詹姆斯 (J. F. James) 著; 田亦林译. --北京:
机械工业出版社, 2024. 12. --ISBN 978-7-111-77359
-7

Ⅰ. O

中国国家版本馆 CIP 数据核字第 2025VD0020 号

机械工业出版社 (北京市百万庄大街22号 邮政编码100037)
策划编辑: 汤 嘉   责任编辑: 汤 嘉 张金奎
责任校对: 梁 园 刘雅娜   封面设计: 张 静
责任印制: 单爱军
北京虎彩文化传播有限公司印刷
2025 年 3 月第 1 版第 1 次印刷
148mm×210mm · 4. 875 印张 · 138 千字
标准书号: ISBN 978-7-111-77359-7
定价: 45.00 元

电话服务   网络服务
客服电话: 010-88361066   机 工 官 网: www. cmpbook. com
          010-88379833   机 工 官 博: weibo. com/cmp1952
          010-68326294   金 书 网: www. golden-book. com
封底无防伪标均为盗版   机工教育服务网: www. cmpedu. com